MATHEMATIQUE
&
APPLICATIONS

Directeurs de la collection:
J. M. Ghidaglia et X. Guyon

31

Springer
Paris
Berlin
Heidelberg
New York
Barcelone
Hong Kong
Londres
Milan
Singapour
Tokyo

MATHEMATIQUES & APPLICATIONS
Comité de Lecture / Editorial Board

JEAN-MARC AZAIS
Université Paul Sabatier,
UFR de Math. MIP/Stat. & Probabilités
118, route de Narbonne, 31062 Toulouse Cedex 4

FRANÇOIS BACCELLI
I.N.R.I.A., v. Sophia Antipolis
2004, route des lucioles, BP 93,
06902 Sophia Antipolis Cedex

J.FRÉDÉRIC BONNANS
I.N.R.I.A., Domaine de Voluceau
Rocquencourt BP 105
78153 Le Chesnay Cedex

DANIEL CLAUDE
Ecole Supérieure d'Électricité, LSS/CNRS
91192 Gif sur Yvette Cedex

PIERRE COLLET
Ecole Polytechnique
Centre de Physique Théorique
Rte de Saclay, 91128 Palaiseau Cedex

PIERRE DEGOND
Mathématiques MIP UFR MIG
Université Paul Sabatier
118 Rte de Narbonne, 31062 Toulouse Cedex

FRÉDÉRIC DIAS
Centre de Mathématiques et de Leurs Applications
Ecole Normale Supérieure de Cachan
61 Av du Pdt Wilson, 94235 Cachan Cedex

JEAN-MICHEL GHIDAGLIA
Centre de Mathématiques et de Leurs Applications
Ecole Normale Supérieure de Cachan
61 Av du Pdt Wilson, 94235 Cachan Cedex

XAVIER GUYON
Département de Mathématiques
Université Paris I
12, Place du Panthéon, 75005 Paris

THIERRY JEULIN
Mathématiques case 7012
Université Paris VII
2 Place Jussieu, 75251 Paris Cedex 05

JACQUES LABELLE
Université du Québec à Montréal
Case postale 888, succursale Centre-Ville
Montréal, Canada H3C 3P8

PIERRE LADEVÈZE
Laboratoire de Mécanique et Technologie
Ecole Normale Supérieure de Cachan
61 Av du Pdt Wilson, 94235 Cachan Cedex

PATRICK LASCAUX
Direction des Recherches en Île de France CEA
BP12, 91680 Bruyères le Chatel

YVES MORCHOISNE
ONERA CMN, BP 72, 29 Av Division Leclerc,
93322 Châtillon Cedex

ROBERT ROUSSARIE
Université de Bourgogne
Laboratoire de Topologie/bât. Mirande
21011 Dijon Cedex

MARIE-FRANÇOISE ROY
Université Rennes I, IRMAR
35042 Rennes Cedex

CLAUDE SAMSON
I.N.R.I.A., v. Sophia Antipolis
BP 93, 06902 Sophia Antipolis Cedex

BERNARD SARAMITO
Université de Clermont II
Mathématiques Appliquées
Les Cézeaux, 63174 Aubière Cedex

JEAN-CLAUDE SAUT
Université Paris-Sud
Département de Mathématiques
Bâtiment 425, 91405 Orsay Cedex

PIERRE SUQUET
CNRS, Laboratoire de Mécanique et
d'Acoustique, 31, chemin Joseph Aiguier,
13402 Marseille Cedex 20

BRIGITTE VALLEE
Université de Caen, Informatique,
14032 Caen Cedex

JACQUES WOLFMANN
Groupe d'Etude du Codage de Toulon
Université de Toulon BP 132
Faculté des Sciences et Techniques
83957 La Garde Cedex

BERNARD YCART
Université Joseph Fourier, IMAG, LMC,
Tour IRMA, BP 53 X, 38041 Grenoble, Cedex 9

Directeurs de la collection:
J. M. GHIDAGLIA et X. GUYON

Instructions aux auteurs:

Les textes ou projets peuvent être soumis directement à l'un des membres du comité de lecture avec copie à J. M. GHIDAGLIA ou X. GUYON. Les manuscrits devront être remis à l'Éditeur *in fine* prêts à être reproduits par procédé photographique.

Emmanuel Rio

Théorie asymptotique des processus aléatoires faiblement dépendants

Springer

Emmanuel Rio
UMR 8628 C CNRS
Université Paris-Sud
Bât. 425, Mathématique
91405 Orsay Cedex
France

Mathematics Subject Classification:

60F05, 60F15, 60F17, 60E15, 62G99

ISBN 3-540-65979-X Springer-Verlag Berlin Heidelberg New York

Tous droits de traduction, de reproduction et d'adaptation réservés pour tous pays.
La loi du 11 mars 1957 interdit les copies ou les reproductions destinées à une utilisation collective.
Toute représentation, reproduction intégrale ou partielle faite par quelque procédé que ce soit, sans le consentement
de l'auteur ou de ses ayants cause, est illicite et constitue une contrefaçon sanctionnée par les articles 425 et suivants
du Code pénal.

© Springer-Verlag Berlin Heidelberg 2000
Imprimé en Allemagne

SPIN: 10649466   41/3142 - 5 4 3 2 1 0 - Imprimé sur papier non acide

PRÉFACE

Ce cours est une extension d'un cours commun avec Paul Doukhan effectué de 1994 à 1996 dans le cadre du DEA de modélisation stochastique et de statistiques de la faculté d'Orsay et du minicours que j'ai donné dans le cadre du séminaire Paris-Berlin 1997 de statistique mathématique. Il s'adresse avant tout aux étudiants de troisième cycle ainsi qu'aux chercheurs désireux d'approfondir leurs connaissances sur la théorie de la sommation des variables aléatoires faiblement dépendantes.

Alors que la théorie de la sommation des variables indépendantes est désormais largement avancée, peu d'ouvrages traitent des suites de variables faiblement dépendantes. Pour ne pas nous restreindre aux chaînes de Markov, nous étudions ici les suites de variables faiblement dépendantes dites fortement mélangeantes au sens de Rosenblatt (1956) ou absolument régulières au sens de Volkonskii et Rozanov (1959). Ces suites englobent de nombreux modèles utilisés en statistique mathématique ou en économétrie, comme le montre Doukhan (1994) dans son ouvrage sur le mélange. Nous avons choisi de nous concentrer sur les inégalités de moments ou de moyennes déviations pour les sommes de variables faiblement dépendantes et sur leurs applications aux théorèmes limites.

Je voudrais remercier ici tous ceux qui m'ont aidé lors de la rédaction de cet ouvrage, en particulier Paul Doukhan et Abdelkader Mokkadem, pour toutes les connaissances qu'ils m'ont transmises ainsi que pour leurs conseils avisés. Une partie de leurs résultats est développée dans ces notes. Je voudrais également remercier Sana Louhichi et Jérôme Dedecker pour les modifications et les nombreuses améliorations qu'ils m'ont suggérées.

ABRÉVIATIONS ET NOTATIONS

v.a.	L'abréviation de variable aléatoire.
v.a.r.	L'abréviation de variable aléatoire réelle.
TLC	L'abréviation de théorème limite central
f.r.	L'abréviation de fonction de répartition
p.s.	L'abréviation de presque sûrement
$a \wedge b$	$\min(a, b)$, le minimum des deux réels a et b.
$a \vee b$	$\max(a, b)$, le maximum des deux réels a et b.
$\xi.x$	Le produit scalaire de ξ et de x.
x^+, x_+	Pour x réel, la quantité $\max(0, x)$.
x^-, x_-	Pour x réel, la quantité $\max(0, -x)$.
$[x]$	Pour x réel, la partie entière de x.
$f(x - 0)$	Pour f fonction réglée, la limite à gauche de f en x.
$f(x + 0)$	Pour f fonction réglée, la limite à droite de f en x.
f^{-1}	l'inverse généralisée de la fonction monotone f.
α^{-1}	la fonction définie par $\alpha^{-1}(u) = \sum_{i \in \mathbf{N}} \mathbb{I}_{u < \alpha_i}$
Q_X	Pour X v.a.r., l'inverse de $t \to \mathbb{P}(|X| > t)$.
$\mathbb{E}(X)$	Pour X v.a.r. intégrable, l'espérance de X.
B^c	Le complémentaire de l'évènement B.
$\mathbb{I}_B$	fonction indicatrice de la partie B.
$\mathbb{E}(X \mid \mathcal{A})$	L'espérance de X conditionnelle à la tribu $\mathcal{A}$.
$\mathbb{P}(B \mid \mathcal{A})$	L'espérance conditionnelle de $\mathbb{I}_B$ sachant $\mathcal{A}$.
$\operatorname{Var} X$	La variance de la v.a.r. X, quand elle existe.
$\operatorname{Cov}(X, Y)$	Covariance entre les v.a.r. X et Y, quand elle existe.
$|\mu|$	Mesure de variation totale de la mesure μ.
$\|\mu\|$	Variation totale de la mesure μ.
$\mu \otimes \nu$	Produit tensoriel des mesures μ et ν.

$\mathcal{A} \otimes \mathcal{B}$	Produit tensoriel des tribus $\mathcal{A}$ et $\mathcal{B}$.
$\mathcal{A} \vee \mathcal{B}$	Plus petite tribu contenant $\mathcal{A}$ et $\mathcal{B}$.
$\sigma(X)$	Tribu engendrée par la variable aléatoire X
L^r	Pour $r \geq 1$, l'espace des v.a.r. X telles que $\mathbb{E}(|X|^r) < \infty$.
$\|X\|_r$	Pour $r \geq 1$, la norme usuelle sur l'espace L^r.
L^∞	L'espace des variables aléatoires bornées p.s.
$\|X\|_\infty$	Pour X dans L^∞, la borne essentielle supérieure de X.
$L^r(P)$	Pour P loi sur $\mathcal{X}$, l'espace des $f : \mathcal{X} \to \mathbb{R}$ t.q. $\int |f|^r dP < \infty$.
L^ϕ	L'espace d'Orlicz associé à la fonction convexe ϕ.
$\|\cdot\|_\phi$	Norme de Luxembourg définie sur L^ϕ.
ϕ^*	Pour ϕ fonction convexe, la duale de Young de ϕ.

TABLE DES MATIÈRES

INTRODUCTION

Ces notes sont consacrées à l'étude des théorèmes limites classiques pour les suites faiblement dépendantes et des inégalités indispensables pour les établir. Le but poursuivi est de donner des outils techniques pour l'étude des processus faiblement dépendants aux statisticiens ou aux probabilistes travaillant sur ces processus. Nous considérerons en général des conditions de dépendance faible appelées conditions de mélange. La dépendance faible est alors facturée en termes de coefficients de dépendance entre les tribus engendrées par les variables de la suite avant un instant t et les tribus engendrées par les variables après l'instant $t + n$ (ces coefficients étant nuls quand les tribus sont indépendantes). Les suites ont des propriétés d'autant plus proches de celles des suites indépendantes que les coefficients de mélange décroissent rapidement vers 0 quand n tend vers l'infini. Nous ne nous intéresserons pas ici aux divers coefficients de mélange connus et aux relations entre ces coefficients. Nous renvoyons le lecteur à Bradley (1986) pour plus de détails sur ce sujet.

Nous avons choisi délibérément d'étudier uniquement les suites de variables aléatoires satisfaisant des conditions de mélange fort ou de β-mélange. Ces conditions sont, en effet, moins restrictives que les conditions de ρ-mélange ou de mélange uniforme au sens de Ibragimov (1962). En particulier, les seuls modèles markoviens satisfaisant une condition de mélange uniforme sont ceux qui vérifient la condition de récurrence de Döblin (les coefficients de mélange uniforme décroissent alors vers 0 avec une vitesse géométrique). Pour les modèles autorégressifs fonctionnels, cette condition restreint fortement les applications: par exemple, pour des modèles à valeurs dans $\mathbb{R}^d$ donnés par la relation de récurrence

$$(I.1) \qquad X_{n+1} = f(X_n) + \varepsilon_{n+1},$$

les variables $(\varepsilon_n)_n$ étant des innovations indépendantes et équidistribuées, intégrables, de densité continue, bornée et strictement positive aux voisinage de 0, la condition de récurrence de Döblin est satisfaite quand $f(\mathbb{R}^d)$

est relativement compacte alors que les coefficients de β-mélange de la chaîne stationnaire donnée par (I.1) décroissent avec une vitesse géométrique dès qu'il existe $M > 0$, $s > 0$ et $\rho < 1$ tels que

$$(I.2) \quad \mathbb{E}(|f(x) + \varepsilon_0|^s) \leq \rho|x|^s \text{ pour } x > M \text{ et } \sup_{|x| \leq M} \mathbb{E}(|f(x) + \varepsilon_0|^s) < \infty.$$

Nous renvoyons à Doukhan et Ghindès (1983) et à Mokkadem (1985) pour ces résultats. En fait les critères de mélange connus pour les modèles markoviens donnent en général une majoration de l'ordre de grandeur des de coefficients de β-mélange ou de mélange fort. Nous renvoyons à Doukhan (1994) pour des exemples de modèles markoviens mélangeants. C'est une des raisons pour lesquelles nous avons choisi de regarder uniquement les suites de variables aléatoires fortement mélangeantes ou β-mélangeantes. L'autre raison est que les inégalités obtenues sous ces conditions de mélange sont souvent assez performantes pour les applications (par exemple en estimation de densité dans un cadre non paramétrique, comme Viennet (1997) le montre), même si les inégalités de départ sont parfois assez éloignées de celles connues pour les variables aléatoires indépendantes.

Nous allons maintenant donner quelques indications sur le contenu de cet ouvrage. Notre présentation de la théorie des théorèmes limites pour les suites de variables aléatoires faiblement dépendantes est essentiellement fondée sur les inégalités de covariance entre des variables aléatoires satisfaisant des conditions de mélange et sur des techniques de couplage similaires à celles proposées par Berbee (1979) ou Goldstein (1979). Les quatre premiers chapitres montrent comment démontrer des inégalités de covariance et comment les appliquer pour obtenir des théorèmes limites ou des inégalités pour les sommes partielles alors que les chapitres cinq à huit sont consacrés essentiellement aux techniques dites de couplage ou de reconstruction.

Dans le chapitre un, nous étudions comment majorer la covariance entre deux variables mesurables respectivement pour des sous-tribus $\mathcal{A}$ et $\mathcal{B}$ de l'espace probabilisé sous-jacent $(\Omega, \mathcal{T}, \mathbb{P})$ quand ces tribus ont un coefficient de mélange fort ou de β-mélange connu. Par exemple, si X est une v.a.r. $\mathcal{A}$-mesurable bornée et Y une v.a.r. $\mathcal{B}$-mesurable bornée, alors l'inégalité de covariance d'Ibragimov (1962) assure que

$$(I.3) \qquad |\operatorname{Cov}(X, Y)| \leq 4\alpha(\mathcal{A}, \mathcal{B})\|X\|_\infty \|Y\|_\infty,$$

où $\alpha(\mathcal{A}, \mathcal{B})$ désigne le coefficient de mélange fort entre la tribu $\mathcal{A}$ et la tribu $\mathcal{B}$. Nous donnons une extension de cette inégalité aux v.a.r. non bornées, ainsi qu'une inégalité de covariance spécifique au cas du β-mélange. Nous montrons ensuite comment appliquer ces inégalités pour obtenir des majorations de la variance d'une somme de variables aléatoires provenant d'un processus mélangeant. Contrairement au cas des variables indépendantes, la variance de la somme n'est pas toujours du même ordre de grandeur que la somme des variances des variables individuelles (voir Bradley (1997) pour des minorations de la variance d'une somme dans le cas du mélange fort). Nous montrons que cette perte par rapport au cas indépendant n'est cependant pas un obstacle important pour les applications (voir sections 1.5 et 1.6 sur l'estimation de densité). Le chapitre deux est consacré à l'application des inégalités de covariance du chapitre un à des inégalités sur les moments algébriques des sommes partielles. Nous suivons en la modernisant l'approche de Doukhan et Portal (1983, 1987), et nous montrons en fin de chapitre comment obtenir des inégalités exponentielles à partir d'inégalités de moments avec des constantes dépendant explicitement de la dimension. Le chapitre trois commence par des extensions de l'inégalité maximale de Kolmogorov ou de Doob aux suites mélangeantes. Nous montrons ensuite comment obtenir des inégalités sur les moments d'ordre p réel dans $]1,2[$ d'une somme ou des vitesses de convergence dans la loi forte des grands nombres sous des hypothèses minimales sur les coefficients de mélange, à l'aide d'une inégalité maximale à deux composantes (voir théorème 3.2). Dans le chapitre quatre, nous étudions les applications des inégalités de covariance au théorème limite central (TLC en abrégé) pour les suites fortement mélangeantes. Afin de simplifier l'exposition de ce chapitre nous nous restreignons aux suites strictement stationnaires (voir Rio (1995c) pour des résultats dans le cas non stationnaire), pour lesquelles on peut employer des critères sur le TLC pour les sommes partielles normalisées provenant du théorème d'approximation par une martingale de Gordin (1969). Nous montrons ensuite le TLC fonctionnel au sens de Donsker (convergence de la ligne polygonale des sommes partielles normalisées vers un mouvement brownien) à l'aide des inégalités maximales obtenues dans le chapitre trois.

Dans le chapitre cinq, nous étudions les méthodes de couplage sous des hypothèses de mélange fort ou de β-mélange. En particulier nous rappelons et nous montrons le lemme de couplage de Berbee (1979), qui caractérise le coefficient de β-mélange entre une tribu $\mathcal{A}$ et une variable X à valeurs dans un espace polonais (ou plus généralement un espace borélien) ainsi: si $(\Omega, \mathcal{T}, \mathbb{P})$ contient une v.a. δ de loi uniforme sur $[0,1]$ indépendante de la tribu $\mathcal{A} \vee \sigma(X)$, alors on peut construire une v.a. X^* de même loi que X, indépendante de $\mathcal{A}$ et telle que

$$(I.4) \qquad \mathbb{P}(X = X^*) = 1 - \beta(\mathcal{A}, \sigma(X)).$$

En nous ramenant à des variables X à valeurs dans $[0,1]$ et en procédant ensuite par dichotomie, nous donnons une preuve constructive de (I.4). Cette preuve est plus longue que la preuve classique, mais, grâce à un lemme de la section 5.4, qui relie les coefficients de β-mélange et de mélange fort quand l'une des tribus a un nombre fini d'atomes elle conduit à la majoration suivante de l'écart L^1 entre X et X^* pour les v.a. réelles:

$$(I.5) \qquad \mathbb{E}(|X - X^*|) \leq 4\sqrt{2}\|X\|_\infty \alpha(\mathcal{A}, \sigma(X))$$

(voir exercice 1). Nous donnons aussi une preuve directe de (I.5) (avec une meilleure constante) au moyen de la transformation par quantile conditionnelle dans la section 5.2. Les chapitres six à huit sont consacrés aux applications de (I.4) et (I.5). Nous y montrons que, pour les suites de variables aléatoires réelles, la majoration obtenue dans (I.5) est suffisante pour obtenir des inégalités de moyennes déviations aussi performantes sous des conditions de mélange fort que sous des conditions analogues de β-mélange. Par exemple, pour les sommes $S_k = X_1 + \ldots + X_k$ de v.a.r. centrées et bornées par 1, nous montrons dans le chapitre six l'inégalité de type Fuk-Nagaev suivante: pour tout $\lambda > 0$ et tout $r \geq 1$,

$$(I.6) \qquad \mathbb{P}\Big(\sup_{k \in [1,n]} |S_k| \geq 4\lambda \Big) \leq 4\Big(\Big(1 + \frac{\lambda^2}{r s_n^2}\Big)^{-r/2} + \frac{n \alpha_{[\lambda/r]}}{\lambda} \Big),$$

avec

$$s_n^2 = \sum_{i=1}^{n} \sum_{j=1}^{n} |\operatorname{Cov}(X_i, X_j)|.$$

Cette inégalité est une extension aux suites mélangeantes des inégalités de Bernstein et de Bennett pour les suites de variables aléatoires indépendantes. Nous donnons des applications de (I.6) à la loi du logarithme itéré et aux inégalités de moment de type Rosenthal en fin de chapitre (par exemple le choix $r = 2 \log \log n$ conduit à une loi du logarithme itéré). Dans les chapitres sept et huit, nous donnons des applications de (I.4), (I.5) et (I.6) à la théorie des TLC fonctionnels pour les processus empiriques (voir Dudley (1984) pour les fondements de cette théorie). Nous montrons dans le chapitre sept que la convergence de la fonction de répartition empirique centrée et normalisée vers un pont brownien peut être obtenue sous des conditions de mélange fort du type $\alpha_n = \mathcal{O}(n^{-a})$ avec $a > 1$ au moyen de (I.6). Cependant l'inégalité (I.6) n'est pas suffisante pour obtenir des TLC fonctionnels pour les processus empiriques indexés par des grandes classes de parties. Dans le chapitre huit, nous étudions donc les processus empiriques indexés par des classes de parties ou de fonctions générales et nous étendons les résultats de Dudley (1978) aux suites β-mélangeantes, au moyen d'une version séquentielle de (I.4), appelée lemme de couplage maximal.

Enfin le chapitre neuf est consacré à l'étude de quelques propriétés de mélange des chaînes de Markov irréductibles ayant certaines propriétés d'ergodicité et à l'étude de certaines chaînes irréductibles mélangeantes fournissant des minorations dans les théorèmes limites des chapitres un à six.

1. VARIANCE DES SOMMES PARTIELLES

1.1. Introduction

Pour étudier le comportement d'une somme de variables aléatoires réelles, l'estimation de la variance de cette somme joue un rôle important pour estimer la déviation de cette somme à sa moyenne. Pour les sommes de variables indépendantes, la variance est la somme des variances individuelles. Tel n'est plus le cas pour les sommes de variables dépendantes. Cependant, pour les suites de variables aléatoires stationnaires, la convergence d'une série, appelée généralement série des covariances, donne des estimées asymptotiques de la variance des sommes partielles. Il est donc naturel de chercher des conditions générales sur les suites de variables aléatoires impliquant la convergence de cette série. De telles conditions sont données par des hypothèses de dépendance faible sur la suite des observations telles que les hypothèses de mélange. Nous donnons donc dans ce chapitre quelques résultats classiques sur la variance d'une somme dans le cas stationnaire, que nous appliquons ensuite aux suites mélangeantes. Enfin nous donnons des applications de ces majorations à l'étude du risque quadratique de certains estimateurs linéaires de la densité.

1.2. Processus stationnaires

Dans cette section, nous rappelons et nous démontrons quelques résultats de base sur le comportement de la variance d'une somme partielle de variables aléatoires provenant d'un processus stationnaire.

Définition 1.1. Soit $T = \mathbb{Z}$ ou $\mathbb{N}$. Le processus $(X_t)_{t \in T}$ est dit strictement stationnaire si, pour tout entier t et toute partie finie S de T,

$$(1.1) \qquad \{X_{s+t} : s \in S\} \text{ a même loi que } \{X_s : s \in S\}.$$

Quand les variables aléatoires X_t sont réelles et de carré intégrable, le processus $(X_t)_{t \in T}$ est dit faiblement stationnaire ou stationnaire à l'ordre deux si, pour tout entier naturel t et tout couple (u, v) de $T \times T$,

$$(1.2) \qquad \mathbb{E}(X_u) = \mathbb{E}(X_v) \quad \text{et} \quad \mathbb{E}(X_{t+u} X_{t+v}) = \mathbb{E}(X_u X_v).$$

Pour X et Y variables aléatoires réelles intégrables et telles que le produit XY soit intégrable, on définit la covariance entre X et Y par

$$(1.3) \qquad \mathrm{Cov}(X, Y) = \mathbb{E}(XY) - \mathbb{E}(X)\mathbb{E}(Y).$$

Supposons maintenant les variables aléatoires X_t réelles et le processus $(X_t)_{t \in T}$ faiblement stationnaire. Posons

$$(1.4) \qquad S_n = X_1 + \cdots + X_n, \ V_n = \mathrm{Var}\, S_n \quad \text{et} \quad v_n = V_n - V_{n-1},$$

avec les conventions $S_0 = 0$ et $V_0 = 0$. Clairement $V_n = v_1 + \cdots + v_n$. L'évaluation de v_k est donc essentielle pour l'étude du comportement asymptotique de la suite des variances. Par bilinéarité et par symétrie de la forme covariance,

$$v_k = \mathrm{Cov}(S_k, S_k) - \mathrm{Cov}(S_{k-1}, S_{k-1}) = \mathrm{Var}\, X_k + 2 \sum_{i=1}^{k-1} \mathrm{Cov}(X_i, X_k).$$

Donc, pour les suites faiblement stationnaires,

$$(1.5) \qquad v_k = \mathrm{Var}\, X_0 + 2 \sum_{i=1}^{k-1} \mathrm{Cov}(X_0, X_i)$$

et

$$(1.6) \qquad V_n = n \, \mathrm{Var}\, X_0 + 2 \sum_{i=1}^{n} (n - i) \, \mathrm{Cov}(X_0, X_i).$$

De (1.5) et (1.6) nous déduisons le lemme suivant.

Lemme 1.1. *Soit $(X_i)_{i \in \mathbb{N}}$ une suite de variables aléatoires réelles faiblement stationnaire. Supposons que la série*

$$\mathrm{Var}\, X_0 + 2 \sum_{i=1}^{\infty} \mathrm{Cov}(X_0, X_i)$$

converge. Alors la somme v de cette série est positive, et $n^{-1} \mathrm{Var}\, S_n$ converge vers v.

Remarque 1.1. La somme de la série des covariances peut parfois être nulle. Tel est le cas, par exemple, quand il existe une suite faiblement stationnaire $(Y_i)_{i \in \mathbb{Z}}$ telle que $X_i = Y_i - Y_{i-1}$, satisfaisant la condition $\lim_{n \to +\infty} \mathrm{Cov}(Y_0, Y_n) = 0$. La suite $(S_n)_{n>0}$ est alors bornée en probabilité.

Preuve. Puisque $V_n/n = (v_1 + \cdots + v_n)/n$, la convergence de v_k vers v implique la convergence de (V_n/n) vers v via le lemme de Cesaro. Enfin, comme les nombres (V_n/n) sont positifs, leur limite v est positive. ∎

Une condition suffisante pour assurer la convergence de la série ci-dessus, que nous appellerons désormais série des covariances de $(X_i)_{i \in \mathbb{N}}$, est de pouvoir la majorer terme à terme par une série de nombres positifs convergente. C'est le propos du lemme suivant.

Lemme 1.2. *Plaçons-nous sous les hypothèses du lemme 1.1. et supposons qu'il existe une suite de nombres positifs $(\delta_i)_{i \geq 0}$ telle que*

$$(i) \qquad \mathrm{Cov}(X_0, X_i) \leq \delta_i \ \text{ pour tout } i \geq 0 \ \text{ et } \ \Delta = \delta_0 + 2 \sum_{i>0} \delta_i < \infty.$$

Alors la série $\mathrm{Var}\, X_0 + 2 \sum_{i=1}^{\infty} \mathrm{Cov}(X_0, X_i)$ *converge vers v élément de* $[0, \Delta]$. *De plus*

$$(1.7) \qquad \mathrm{Var}\, S_n \leq n\delta_0 + 2\sum_{i=1}^{n}(n-i)\delta_i \leq n\Delta \ \text{ et } \ v_k \leq \delta_0 + 2\sum_{i=1}^{k-1}\delta_i.$$

Preuve. Ecrivons

$$\mathrm{Cov}(X_0, X_i) = \delta_i - (\delta_i - \mathrm{Cov}(X_0, X_i)).$$

La série de terme général $\delta_i - \mathrm{Cov}(X_0, X_i)$ est, d'après (i), une série à termes positifs, et, par conséquent, converge dans $\bar{\mathbb{R}}^+$. Il en résulte que la série des covariances converge vers v élément de $[-\infty, \Delta]$. Par le lemme de Cesaro, $n^{-1}\mathrm{Var}\, S_n$ converge aussi vers v et donc v est dans $[0, \Delta]$. Enfin (1.7) provient de la positivité des nombres δ_i. ∎

1.3. Une inégalité de covariance en mélange fort

Dans cette section, nous établissons une inégalité de covariance pour des variables aléatoires réelles satisfaisant une condition de mélange fort. Cette inégalité sera utilisée dans la section 1.4 pour obtenir la convergence de la série des covariances via le lemme 1.2.

Commençons par définir le coefficient de mélange fort de Rosenblatt (1956) entre deux sous-tribus $\mathcal{A}$ et $\mathcal{B}$ de l'espace probabilisé $(\Omega, \mathcal{T}, \mathbb{P})$. Si X et Y sont deux variables aléatoires réelles, nous poserons

$$(1.8a) \quad \alpha(X, Y) = 2 \sup_{(x,y) \in \mathbb{R}^2} |\mathbb{P}(X > x, Y > y) - \mathbb{P}(X > x)\mathbb{P}(Y > y)|,$$

puis

$$(1.8b) \qquad\qquad \alpha(\mathcal{A}, Y) = \sup_{A \in \mathcal{A}} \alpha(\mathbb{I}_A, Y).$$

Le coefficient de mélange fort entre $\mathcal{A}$ et $\mathcal{B}$ est défini par

$$(1.8c) \quad \alpha(\mathcal{A}, \mathcal{B}) = \sup_{B \in \mathcal{B}} \alpha(\mathcal{A}, \mathbb{I}_B) = 2 \sup\{|\operatorname{Cov}(\mathbb{I}_A, \mathbb{I}_B)| : (A, B) \in \mathcal{A} \times \mathcal{B}\}.$$

Ce coefficient est, en fait, le double de celui de Rosenblatt. De l'inégalité de Cauchy-Schwarz

$$|\operatorname{Cov}(\mathbb{I}_A, \mathbb{I}_B)| \leq \sqrt{\operatorname{Var} \mathbb{I}_A \operatorname{Var} \mathbb{I}_B},$$

il résulte que

$$(1.9) \qquad\qquad 0 \leq \alpha(\mathcal{A}, \mathcal{B}) \leq 1/2,$$

et que ce coefficient vaut $1/2$ si et seulement si les tribus ont un événement de probabilité $1/2$ en commun. Notons aussi que

$$(1.10a) \qquad \alpha(\mathcal{A}, \mathcal{B}) = \sup\{|\operatorname{Cov}(\mathbb{I}_A - \mathbb{I}_{A^c}, \mathbb{I}_B)| : (A, B) \in \mathcal{A} \times \mathcal{B}\}.$$

Or

$$\operatorname{Cov}(\mathbb{I}_A - \mathbb{I}_{A^c}, \mathbb{I}_B) = \mathbb{E}((\mathbb{P}(B \mid \mathcal{A}) - \mathbb{P}(B))(\mathbb{I}_A - \mathbb{I}_{A^c}))$$

et donc, à B fixé le maximum est atteint pour $A = (\mathbb{P}(B \mid \mathcal{A}) > \mathbb{P}(B))$. Par conséquent

$$(1.10b) \qquad \alpha(\mathcal{A}, \mathcal{B}) = \sup\{\mathbb{E}(|\mathbb{P}(B \mid \mathcal{A}) - \mathbb{P}(B)|) : B \in \mathcal{B}\}.$$

De même, on peut montrer que

$$(1.10c) \qquad \alpha(\mathcal{A}, X) = \sup_{x \in \mathbf{R}} \mathbb{E}(|\mathbb{P}(X \leq x \mid \mathcal{A}) - \mathbb{P}(X \leq x)|).$$

Afin d'énoncer notre inégalité de covariance, dans laquelle interviennent les lois marginales des variables, introduisons les notations suivantes.

Notation 1.1. Pour toute fonction décroissante et continue à droite f définie sur un intervalle I, on note f^{-1} l'inverse continue à droite de f, qui est définie par

$$f^{-1}(u) = \inf\{x \in I : f(x) \leq u\}.$$

La fonction f^{-1} est caractérisée par l'équivalence suivante:

$$x < f^{-1}(u) \quad \text{si et seulement si} \quad f(x) > u.$$

Si la fonction f est croissante et continue à droite, $f^{-1}(u)$ sera la borne inférieure de l'ensemble des éléments de I tels que $f(x) \geq u$. Dans ce cas, l'inverse est continue à gauche et

$$x \geq f^{-1}(u) \quad \text{si et seulement si} \quad f(x) \geq u.$$

La fonction de répartition F d'une variable aléatoire X est définie par $F(x) = \mathbb{P}(X \leq x)$. Cette fonction est croissante et continue à droite. La fonction de quantile de $|X|$, qui est l'inverse de la fonction décroissante et continue à droite $H_X(t) = \mathbb{P}(|X| > t)$, est notée Q_X. Enfin, pour toute fonction monotone f, nous noterons

$$f(x - 0) = \lim_{y \nearrow x} f(y) \quad \text{et} \quad f(x + 0) = \lim_{y \searrow x} f(y).$$

Théorème 1.1. *Soit X et Y deux variables aléatoires réelles intégrables dont le produit est intégrable. Soit $\alpha = \alpha(X, Y)$ le coefficient défini par (1.8a). Alors*

$$(a) \qquad |\operatorname{Cov}(X, Y)| \leq 2 \int_0^\alpha Q_X(u) Q_Y(u) du.$$

Inversement, pour toutes fonctions de répartition symétriques F et G et tout α dans $[0, 1/2]$, on peut construire deux variables X et Y de fonctions de répartition respectives F et G, telles que $\alpha(\sigma(X), \sigma(Y)) \leq \alpha$ et

$$(b) \qquad \operatorname{Cov}(X, Y) \geq \int_0^{\alpha/2} Q_X(u) Q_Y(u) du,$$

dès que le produit $Q_X Q_Y$ est intégrable sur $[0, 1]$.

Remarques 1.2. Quand $\alpha = 1/2$ (pas de contrainte de mélange), l'inégalité (a) assure que

$$(1.11a) \qquad |\operatorname{Cov}(X, Y)| \leq 2 \int_0^{1/2} Q_X(u) Q_Y(u) du.$$

Or le maximum sur la classe des couples (Z, T) ayant les mêmes lois marginales que (X, Y) de la quantité $\mathbb{E}(|ZT|)$ est égal à

$$(1.11b) \qquad \int_0^1 Q_X(u) Q_Y(u) du;$$

voir Fréchet (1951, 1957), Bass (1955) ou Bártfai (1970). Donc, à un facteur deux près, (a) n'est pas améliorable dans ce cas. Donnons encore la conséquence suivante de l'inégalité de covariance. Soit $\mathcal{A}$ une sous-tribu de $(\Omega, \mathcal{T}, \mathbb{P})$ et X une variable réelle $\mathcal{A}$-mesurable. Soit Y une variable réelle de moyenne nulle et $\alpha = \alpha(\mathcal{A}, Y)$. Notons $\varepsilon_{\mathcal{A}}$ la variable valant 1 si $\mathbb{E}(Y \mid \mathcal{A}) > 0$ et -1 sinon. Alors

$$(1.11c) \qquad \mathbb{E}(|X\mathbb{E}(Y \mid \mathcal{A})|) = \mathrm{Cov}(\varepsilon_{\mathcal{A}} X, Y) \leq 2 \int_0^\alpha Q_X(u) Q_Y(u) du$$

par (a) du théorème 1.1.

Notons que, si U suit la loi uniforme sur $[0,1]$, $Q_X(U)$ a même loi que $|X|$. Donc, si X et Y sont bornées presque sûrement, l'inégalité (a) assure que

$$(1.12a) \qquad |\mathrm{Cov}(X,Y)| \leq 2\alpha \|X\|_\infty \|Y\|_\infty.$$

On retrouve ainsi l'inégalité de covariance d'Ibragimov (1962). Enfin, pour des variables non bornées, l'inégalité de Hölder appliquée au majorant de (a) montre que, si p, q et r sont des réels strictement positifs tels que $p^{-1} + q^{-1} + r^{-1} = 1$, alors

$$(1.12b) \qquad |\mathrm{Cov}(X,Y)| \leq 2\alpha^{1/p} \|X\|_q \|Y\|_r.$$

Nous retrouvons ici l'inégalité (2.2) de Davydov (1968).

Plaçons-nous maintenant sous l'hypothèse plus faible sur les queues de distribution des variables qui suit:

$$\mathbb{P}(|X| > x) \leq (\Lambda_q(X)/x)^q \quad \text{et} \quad \mathbb{P}(|Y| > y) \leq (\Lambda_r(Y)/y)^r.$$

Alors (a) du théorème 1.1 donne:

$$(1.12c) \qquad |\mathrm{Cov}(X,Y)| \leq 2p\alpha^{1/p} \Lambda_q(X) \Lambda_r(Y).$$

Nous pouvons donc obtenir une inégalité similaire à celle de Davydov sous des hypothèses plus faibles sur les queues de distribution. Nous verrons ultérieurement que l'inégalité (a) du théorème 1.1 conduit à des majorations de la variance d'une somme de variables aléatoires fortement mélangeantes plus performantes que les majorations fondées sur (1.12b).

Preuve du théorème 1.1. Montrons d'abord (a). Soient

$$X^+ = \sup(0, X) \quad \text{et} \quad X^- = \sup(0, -X).$$

Clairement

$$(1.13) \qquad X = X^+ - X^- = \int_0^{+\infty} (\mathbb{1}_{X > x} - \mathbb{1}_{X < -x}) dx.$$

En écrivant aussi Y sous cette forme et en appliquant le théorème de Fubini, nous en déduisons que

$$(1.14) \quad \mathrm{Cov}(X,Y) = \int_0^\infty \int_0^\infty \mathrm{Cov}(\mathbb{1}_{X>x} - \mathbb{1}_{X<-x}, \mathbb{1}_{Y>y} - \mathbb{1}_{Y<-y})dxdy.$$

Pour majorer $|\mathrm{Cov}(X,Y)|$, nous allons maintenant montrer que

$$(1.15) \quad \begin{aligned} |\mathrm{Cov}(\mathbb{1}_{X>x} - \mathbb{1}_{X<-x}, \mathbb{1}_{Y>y} - \mathbb{1}_{Y<-y})| \leq \\ 2\inf(\alpha, \mathbb{P}(|X|>x), \mathbb{P}(|Y|>y)). \end{aligned}$$

La majoration par 2α de cette expression est immédiate. X et Y jouant un rôle symétrique, il nous reste donc à montrer que le terme de gauche est majoré par $2\mathbb{P}(|X|>x)$. De l'inégalité élémentaire

$$|\mathrm{Cov}(S,T)| \leq 2\|S\|_1 \|T\|_\infty$$

appliquée à $S = \mathbb{1}_{X>x} - \mathbb{1}_{X<-x}$ et $T = \mathbb{1}_{Y>y} - \mathbb{1}_{Y<-y}$, nous tirons

$$|\mathrm{Cov}(\mathbb{1}_{X>x} - \mathbb{1}_{X<-x}, \mathbb{1}_{Y>y} - \mathbb{1}_{Y<-y})| \leq 2\mathbb{P}(|X|>x),$$

ce qui conclut la preuve de (1.15). Nous avons donc montré que

$$(1.16) \quad |\mathrm{Cov}(X,Y)| \leq 2\int_0^\infty \int_0^\infty \inf(\alpha, \mathbb{P}(|X|>x), \mathbb{P}(|Y|>y))dxdy.$$

Or

$$\inf(\alpha, \mathbb{P}(|X|>x), \mathbb{P}(|Y|>y)) = \int_0^\alpha \mathbb{1}_{u<\mathbb{P}(|X|>x)} \mathbb{1}_{u<\mathbb{P}(|Y|>y)} du,$$

et comme $(u < \mathbb{P}(|X|>x))$ si et seulement si $(x < Q_X(u))$ (de même pour Y), nous pouvons réécrire (1.16) sous la forme suivante :

$$(1.17) \quad |\mathrm{Cov}(X,Y)| \leq 2\int_0^\infty \int_0^\infty \left(\int_0^\alpha \mathbb{1}_{x<Q_X(u)} \mathbb{1}_{y<Q_Y(u)} du \right) dxdy.$$

Pour conclure la preuve de (a), il suffit alors d'appliquer le théorème de Fubini.

Montrons maintenant (b). Nous allons construire un couple (U,V) de lois marginales la loi uniforme sur $[0,1]$, satisfaisant $\alpha(\sigma(U), \sigma(V)) \leq \alpha$ et tel que $(X,Y) = (F^{-1}(U), G^{-1}(V))$ satisfasse (b).

Soit a dans $[0,1]$, et Z et T deux variables aléatoires indépendantes, Z ayant la loi uniforme sur $[0,1]$, et T ayant la loi uniforme sur $[a/2, 1-a/2]$. Posons

$$(1.18) \quad (U,V) = \mathbb{1}_{Z\in[a/2,1-a/2]}(Z,T) + \mathbb{1}_{(Z\notin[a/2,1-a/2])}(Z,Z).$$

Alors U et V suivent la loi uniforme sur $[0,1]$. Montrons maintenant que

$$(1.19) \qquad\qquad \alpha(\sigma(U), \sigma(V)) \leq 2a.$$

Notons $P_{U,V}$ la loi de (U,V) et P_U, P_V les lois respectives de U et de V. Clairement

$$\|P_{U,V} - P_U \otimes P_V\| = 4a - 2a^2.$$

Or la variation totale de $P_{U,V} - P_U \otimes P_V$ est, d'après (1.10), un majorant de 2α. Donc (1.19) est établi.

Soit $(X,Y) = (F^{-1}(U), G^{-1}(V))$. Puisque X est une fonction mesurable de U et Y une fonction mesurable de V, $\alpha(\sigma(X), \sigma(Y)) \leq \alpha$. Comme

$$XY = F^{-1}(Z)G^{-1}(Z)\,\mathrm{I\!I}_{Z \notin [a/2, 1-a/2]} + F^{-1}(Z)G^{-1}(T)\,\mathrm{I\!I}_{Z \in [a/2, 1-a/2]},$$

l'indépendance de Z et de T ainsi que la symétrie des lois F et G entraînent que

$$\mathrm{I\!E}(XY) = \int_0^{a/2} F^{-1}(u)G^{-1}(u)du + \int_{1-a/2}^1 F^{-1}(u)G^{-1}(u)dz.$$

Mais, par symétrie de la loi F,

$$F^{-1}(1-u) = -F^{-1}(u) = Q_X(2u) \text{ p.p. sur } [0,1/2];$$

de même pour G. Donc

$$\mathrm{Cov}(X,Y) \geq 2\int_0^{a/2} Q_X(2u)Q_Y(2u)du,$$

ce qui conclut la preuve de (b). $\blacksquare$

1.4. Variance d'une somme dans le cas fortement mélangeant

Dans cette section nous appliquons le théorème 1.1 à l'étude de la variance des sommes partielles $S_n = X_1 + \cdots + X_n$ d'une suite fortement mélangeante. Nous définisssons ici la suite de coefficients de mélange fort $(\alpha_n)_{n \geq 0}$ de $(X_i)_{i \in \mathbb{N}}$ par

$$(1.20) \qquad \alpha_0 = 1/2 \text{ et } \alpha_n = \sup_{\substack{(i,j) \in \mathbb{N}^2 \\ |i-j| \geq n}} \alpha(\sigma(X_i), \sigma(X_j)) \text{ pour } n > 0.$$

Posons $\alpha(x) = \alpha_{[x]}$, les crochets désignant la partie entière. Soit

$$(1.21) \qquad \alpha^{-1}(u) = \inf\{k \in \mathbb{N} : \alpha_k \leq u\} = \sum_{i \geq 0} \mathrm{I\!I}_{u < \alpha_i},$$

par décroissance de la suite $(\alpha_i)_{i\geq 0}$. De l'inégalité (a) du théorème 1.1, nous déduisons la majoration suivante pour les suites non stationnaires.

Corollaire 1.1.   *Soit* $(X_i)_{i\in\mathbb{N}}$ *une suite de variables aléatoires réelles. Posons* $Q_k = Q_{X_k}$. *Alors*

$$(a) \qquad \operatorname{Var} S_n \leq \sum_{i=1}^{n}\sum_{j=1}^{n} |\operatorname{Cov}(X_i, X_j)| \leq 4 \sum_{k=1}^{n} \int_0^1 [\alpha^{-1}(u) \wedge n] Q_k^2(u) du.$$

En particulier, si l'on pose

$$M_{2,\alpha}(Q) = \int_0^1 \alpha^{-1}(u) Q^2(u) du$$

pour toute fonction positive et décroissante Q *de* $[0,1]$ *dans* $\mathbb{R}$, *alors*

$$(b) \qquad\qquad \operatorname{Var} S_n \leq 4 \sum_{k=1}^{n} M_{2,\alpha}(Q_k).$$

Preuve. Il suffit de montrer (a). Notons d'abord que

$$\alpha^{-1}(u) \wedge n = \sum_{i=0}^{n-1} \mathbb{I}_{u<\alpha_i}.$$

Clairement

$$(1.22) \qquad\qquad \operatorname{Var} S_n \leq \sum_{(i,j)\in[1,n]^2} |\operatorname{Cov}(X_i, X_j)|.$$

Or, par (a) du théorème 1.1,

$$|\operatorname{Cov}(X_i, X_j)| \leq 2 \int_0^{\alpha_{|i-j|}} Q_i(u) Q_j(u) du \leq \int_0^{\alpha_{|i-j|}} (Q_i^2(u) + Q_j^2(u)) du.$$

Donc

$$\sum_{(i,j)\in[1,n]^2} |\operatorname{Cov}(X_i, X_j)| \leq 2 \sum_{i=1}^{n} \int_0^1 \sum_{j=1}^{n} \mathbb{I}_{u<\alpha_{|i-j|}} Q_i^2(u) du$$

$$(1.23) \qquad\qquad\qquad \leq 4 \sum_{k=1}^{n} \int_0^1 [\alpha^{-1}(u) \wedge n] Q_k^2(u) du.$$

(1.22) et (1.23) impliquent alors le corollaire 1.1. ■

Appliquons maintenant le théorème 1.1 aux suites stationnaires.

Corollaire 1.2.   *Soit $(X_i)_{i \in \mathbb{N}}$ une suite de variables aléatoires réelles strictement stationnaire. Alors*

(a) $$|\operatorname{Cov}(X_0, X_i)| \leq 2 \int_0^{\alpha_i} Q_0^2(u) du,$$

et donc la série des covariances $\operatorname{Var} X_0 + 2 \sum_{i>0} \operatorname{Cov}(X_0, X_i)$ est convergente vers σ^2 si

(DMR) $$M_{2,\alpha}(Q_0) = \int_0^1 \alpha^{-1}(u) Q_0^2(u) du < +\infty.$$

Dans ce cas

(b) $n^{-1} \operatorname{Var} S_n \leq 4 M_{2,\alpha}(Q_0), \ \lim\limits_{n \to \infty} n^{-1} \operatorname{Var} S_n = \sigma^2$ *et* $\sigma^2 \leq 4 M_{2,\alpha}(Q_0)$.

Preuve. L'inégalité (a), qui est une conséquence immédiate du théorème 1.1, montre que la suite

$$\delta_i = 2 \int_0^{\alpha_i} Q_0^2(u) du$$

satisfait l'hypothèse (i) du lemme 1.2 sous la condition (DMR). Il suffit alors d'appliquer les lemmes 1.1 et 1.2 pour conclure. ∎

Nous venons de voir que, pour les suites fortement mélangeantes les moments pondérés $M_{2,\alpha}(Q_k)$ remplacent les moments d'ordre deux des variables dans les majorations de variance. Dans la sous-section ci-dessous nous donnons des majorations de ces nouvelles quantités en fonction des vitesses de mélange et de la décroissance de la queue de distribution des variables X_i.

1.4.1. Majorations des moments pondérés $M_{2,\alpha}$.

Notons d'abord que, si U suit la loi uniforme sur $[0,1]$, alors la variable aléatoire $Q_k^2(U)$ a même loi que X_k^2.

Quand la suite $(X_i)_{i \in \mathbb{N}}$ est m-dépendante,

$$\alpha^{-1}(u) = \sum_{i=0}^m \mathbb{I}_{\alpha_i < u} \leq m + 1,$$

et alors

$$M_{2,\alpha}(Q_k) \leq (m+1) \mathbb{E}(X_k^2).$$

En particulier la condition (DMR) équivaut à l'intégrabilité de X_0^2.

Si les variables $|X_k|$ sont bornées par M, alors $Q_k^2(u) \leq M^2$ et donc

$$M_{2,\alpha}(Q_k) \leq M^2 \int_0^1 \alpha^{-1}(u)du \leq M^2 \int_0^\infty \alpha(x)dx.$$

La condition (DMR) équivaut alors à la condition classique

(1.24)
$$\sum_{i \geq 0} \alpha_i < \infty.$$

Imposons maintenant une condition de décroissance uniforme sur les queues de distribution des variables X_k. Supposons que pour un $r > 2$,

$$\mathbb{P}(|X_k| > x) \leq (c/x)^r \text{ pour tout } u > 0 \text{ et tout } k \in \mathbb{N}.$$

Alors les fonctions Q_k sont majorées par $cu^{-1/r}$ et donc

$$M_{2,\alpha}(Q_k) \leq c^2 \sum_{i=0}^\infty \int_0^{\alpha_i} u^{-2/r}du \leq \frac{c^2 r}{r-2} \sum_{i \geq 0} \alpha_i^{1-2/r}.$$

La condition (DMR) est alors satisfaite dès que

(IBR)
$$\sum_{i \geq 0} \alpha_i^{1-2/r} < \infty.$$

Nous obtenons donc la convergence de la série des covariances sous la condition de mélange d'Ibragimov (1962) pour les variables ayant un moment d'ordre r fini, ce qui améliore le résultat d'Ibragimov.

Donnons-nous maintenant des contraintes de moment sur les variables. Supposons que, pour un $r > 2$, toutes les variables X_k sont dans L^r. Alors nous pouvons appliquer l'inégalité de Hölder sur $[0,1]$ pour majorer $M_{2,\alpha}(Q_k)$ (rappelons que $Q_k^2(U)$ et X_k^2 ont même loi) avec $r/(r-2)$ et $r/2$ pour exposants. Ainsi

$$M_{2,\alpha}(Q_k) \leq \left(\int_0^1 [\alpha^{-1}(u)]^{r/(r-2)}du \right)^{1-2/r} \left(\int_0^1 Q_k^r(u)du \right)^{2/r}.$$

Etudions la convergence de la première intégrale. Notons $[y]$ la partie entière du réel y et posons $\alpha(y) = \alpha_{[y]}$. Comme la fonction inverse de $u \to [\alpha^{-1}(u)]^{r/(r-2)}$ est $x \to \alpha(x^{1-2/r})$,

$$\int_0^1 [\alpha^{-1}(u)]^{r/(r-2)}du = \int_0^\infty \alpha(x^{1-2/r})dx$$
$$= \sum_{i \geq 0} ((i+1)^{r/(r-2)} - i^{r/(r-2)})\alpha_i.$$

Comme

$$(i + 1)^{r/(r-2)} - i^{r/(r-2)} \leq r(r-2)^{-1}(i+1)^{2/(r-2)},$$

il en résulte que

$$\int_0^1 [\alpha^{-1}(u)]^{r/(r-2)} du \leq \frac{r}{r-2} \sum_{i \geq 0} (i+1)^{2/(r-2)} \alpha_i,$$

ce qui implique que

$$(1.25a) \qquad M_{2,\alpha}(Q_k) \leq \exp(2/r) \Big(\sum_{i \geq 0} (i+1)^{2/(r-2)} \alpha_i \Big)^{1-2/r} \|X_k\|_r^2.$$

En particulier, dans le cas stationnaire, la condition (DMR) est satisfaite dès que

$$(1.25b) \qquad \sum_{i \geq 0} (i+1)^{2/(r-2)} \alpha_i < \infty,$$

alors que l'inégalité de covariance de Davydov (1968) implique la convergence de la série des covariance seulement sous (IBR). Par exemple, quand

$$\alpha_k = O(k^{-r/(r-2)}(\log k)^{-\theta})$$

(noter que $r/(r-2)$ est l'exposant puissance critique), (1.25b) est satisfaite pour tout $\theta > 1$, alors que la condition (IBR) demande $\theta > r/(r-2)$, ce qui montre le gain apporté par le théorème 1.1.

Pour étudier la condition (DMR) sous des contraintes de moment sur les variables X_k ou sur la variable $\alpha^{-1}(U)$ plus générales, nous allons maintenant considérer la classe de fonctions convexes
(1.26)

$$\Phi = \{\phi : \mathbb{R}^+ \to \mathbb{R}^+ : \phi \text{ convexe, croissante, } \phi(0) = 0, \lim_{+\infty} \frac{\phi(x)}{x} = \infty\}.$$

Pour toute ϕ dans Φ, on définit la fonction duale au sens de Young ϕ^* par

$$\phi^*(y) = \sup_{x > 0}(xy - \phi(x)).$$

Nous renvoyons à l'annexe A, pour quelques propriétés de cette transformation involutive et à (A.5), annexe A, pour la définition des normes d'Orlicz ci-dessous. L'inégalité (A.8), annexe A, assure alors que

$$M_{2,\alpha}(Q_k) = \mathbb{E}(\alpha^{-1}(U)Q_k^2(U)) \leq 2\|\alpha^{-1}(U)\|_{\phi^*} \|X_k^2\|_\phi.$$

Supposons qu'il existe $c' > 0$ tel que $\phi(X_k^2/c')$ soit intégrable. Alors cette inégalité montre que la condition (DMR) sera satisfaite si il existe $c > 0$ tel que

$$(1.27) \qquad \mathbb{E}(\phi^*(\alpha^{-1}(U)/c)) < +\infty.$$

Mais comme U suit la loi uniforme sur $[0, 1]$,

$$\mathbb{P}(\alpha^{-1}(U) > x) = \mathbb{P}(U < \alpha(x)) = \alpha(x),$$

et donc, en appliquant (A.3), annexe A,

$$(1.28) \qquad \begin{aligned} c\mathbb{E}(\phi^*(\alpha^{-1}(U)/c)) &= \int_0^\infty \mathbb{P}(\alpha^{-1}(U) > x)(\phi^*)'(x/c)dx \\ &= \int_0^\infty \alpha(x)\phi'^{-1}(x/c)dx, \end{aligned}$$

où ϕ'^{-1} est l'inverse continue à gauche de la dérivée de ϕ. Comme ϕ'^{-1} est croissante, la condition (DMR) sera satisfaite si il existe $c > 0$ tel que

$$(1.29) \qquad \sum_{i \geq 0} \alpha_i \phi'^{-1}((i+1)/c) < \infty.$$

Bulinskii et Doukhan (1987) ont généralisé l'inégalité de covariance de Davydov (1968) aux espaces d'Orlicz munis de normes de Luxembourg. Pour les suites de variables aléatoires ayant un ϕ-moment fini, ils obtiennent la convergence de la série des covariances sous la condition de sommabilité

$$(HER) \qquad \sum_{i \geq 0} \phi^{-1}(1/\alpha_i)\alpha_i < \infty,$$

introduite par Herrndorf (1985) pour obtenir le théorème limite central. Nous avons montré dans Rio (1993) que cette condition est toujours plus restrictive que (1.29), que nous allons étudier ci-dessous pour les taux de mélange rapides.

   Taux de mélange géométriques et pseudo-géométriques. Pour $b > 0$, Considérons la fonction

$$\phi_b(x) = x(\log(1+x))^b.$$

Cette fonction est dans Φ et a pour dérivée

$$(1.30) \qquad \phi_b'(x) = (\log(1+x))^b + bx(1+x)^{-1}(\log(1+x))^{b-1}.$$

Sa fonction inverse est donc équivalente à la fonction $x \to \exp(x^{1/b})$ en l'infini. Par conséquent si

$$(1.31) \qquad \mathbb{E}(X_0^2 (\log(1 + |X_0|))^b) < \infty,$$

alors, d'après (1.29), la condition (DMR) sera vérifiée dès lors qu'il existe $\tau > 0$ tel que

$$(1.32) \qquad \alpha_i = O(\exp(-\tau i^{1/b})) \quad \text{quand } i \to \infty.$$

En particulier, si $\alpha_i = O(a^i)$ avec $a < 1$ (taux de mélange géométrique), $b = 1$ convient dans (1.32) et (1.31), et une condition de moment suffisante pour impliquer (DMR) est

$$(1.33) \qquad \mathbb{E}(X_0^2 \log(1 + |X_0|)) < \infty.$$

Comparons (1.33) avec la condition (HER). Sous (1.31), (HER) équivaut à la convergence de la série $\sum_{i \geq 0} |\log \alpha_i|^{-b}$. La condition (1.32) est insuffisante pour assurer la convergence de cette série. Par exemple, sous (1.33), (HER) ne permet pas de conclure lorsque le taux de mélange est géométrique.

Une comparaison numérique. Regardons les constantes obtenues suivant la méthode utilisée dans le cas suivant: la suite $(X_i)_{i \in \mathbf{N}}$ est stationnaire, $\mathbb{E}(X_0^4) < \infty$ et $\alpha_i \leq 2^{-1-i}$. Si nous utilisons l'inégalité de Davydov avec la constante de (1.12b), nous obtenons:

$$(1.34) \qquad |\operatorname{Var} S_n - n \operatorname{Var} X_0| \leq 4n \|X_0\|_4^2 \sum_{i>0} \sqrt{\alpha_i} \leq 2(\sqrt{2} + 2)n\|X_0\|_4^2.$$

Si l'inégalité est utilisée avec la constante de Davydov (1970), cette majoration doit être multipliée par $2\sqrt{2}$.

Appliquons maintenant le théorème 1.1 :

$$
\begin{aligned}
|\operatorname{Var} S_n - n \operatorname{Var} X_0| &\leq 4n \int_0^{\alpha_1} (\alpha^{-1}(u) - 1) Q_0^2(u) du \\
&\leq 4n \|(\alpha^{-1}(U) - 1)_+\|_2 \|X_0\|_4^2
\end{aligned}
$$

par l'inégalité de Cauchy-Schwarz. Comme $u \to (\alpha^{-1}(u) - 1)_+^2$ a pour fonction inverse $x \to \alpha(1 + \sqrt{x})$,

$$\|(\alpha^{-1}(U) - 1)_+\|_2^2 = \int_0^\infty \alpha(1 + \sqrt{x}) dx,$$

et notre méthode donne:

$$(1.35) \qquad |\operatorname{Var} S_n - n \operatorname{Var} X_0| \leq 2\sqrt{6} n \|X_0\|_4^2.$$

La constante obtenue dans (1.34) vaut 4.89 alors que celle obtenue dans (1.35) vaut 6.83, au centième près. Le gain numérique par rapport à l'inégalité de Davydov vient donc essentiellement de l'amélioration des constantes.

1.5. Applications à l'estimation de densité

Dans cette section, nous nous donnons une suite $(X_i)_{i \in \mathbf{N}}$ d'observations à valeurs dans $\mathbb{R}^d$, strictement stationnaire. Nous supposons que ces variables ont une loi marginale P absolument continue par rapport à la mesure de Lebesgue, et nous cherchons à estimer la densité f de cette loi. Les coefficients de mélange fort de la suite sont définis par (1.20).

1.5.1. Estimateurs à noyau.

Une classe d'estimateurs non paramétriques classique est la classe des estimateurs à noyau. Donnons-nous un noyau de convolution $K : \mathbb{R}^d \to \mathbb{R}$ intégrable et ayant les propriétés suivantes:

$$(H1) \qquad \int_{\mathbf{R}^d} K(x)dx = 1 \text{ et } \int_{\mathbf{R}^d} K^2(x)dx < +\infty.$$

Soit $(h_n)_{n>0}$ une suite de réels positifs décroissant vers 0. L'estimateur à noyau de la densité à l'instant n est défini par

$$(1.36) \qquad f_n(x) = (nh_n^d)^{-1} \sum_{k=1}^{n} K(h_n^{-1}(x - X_k)).$$

Pour des observations fortement mélangeantes, Mokkadem (1987) a montré que l'erreur quadratique moyenne entre f_n et $\mathbb{E}(f_n)$ est du même ordre de grandeur que dans le cas indépendant, sous la condition (1.24) et a étudié les déviations dans L^p. Nous donnons et nous démontrons ici son résultat sur la déviation quadratique.

Théorème 1.2. *Soit $(X_i)_{i \in \mathbf{N}}$ une suite d'observations à valeurs dans $\mathbb{R}^d$, strictement stationnaire. Alors, sous (H1),*

$$\int_{\mathbf{R}^d} \operatorname{Var} f_n(x)dx \leq 8(nh_n^d)^{-1} \sum_{i=0}^{n-1} \alpha_i \int_{\mathbf{R}^d} K^2(x)dx.$$

Preuve. Posons $h_n = h$ et $K_h(x) = K(x/h)$. Soit P la loi commune des variables aléatoires. Définissons la mesure empirique P_n et la mesure normalisée et centrée Z_n par

$$(1.37) \qquad P_n = n^{-1} \sum_{k=1}^{n} \delta_{X_k} \text{ et } Z_n = \sqrt{n}(P_n - P).$$

Avec les notations ci-dessus, le théorème 1.2 est équivalent à l'inégalité suivante:

$$(1.38) \qquad \int_{\mathbf{R}^d} \mathbb{E}((Z_n * K_h(x))^2) dx \leq 8 \sum_{i=0}^{n-1} \alpha_i \int_{\mathbf{R}^d} K_h^2(x) dx.$$

Mais, par l'identité de Parseval-Plancherel,

$$\int_{\mathbf{R}^d} (Z_n * K_h(x))^2 dx = (2\pi)^{-d} \int_{\mathbf{R}^d} |\hat{Z}_n(\xi)\hat{K}_h(\xi)|^2 d\xi,$$

et donc

$$\int_{\mathbf{R}^d} \mathbb{E}((Z_n * K_h(x))^2) dx \leq (2\pi)^{-d} \int_{\mathbf{R}^d} \mathbb{E}(|\hat{Z}_n(\xi)|^2) |\hat{K}_h(\xi)|^2 d\xi$$

$$\leq (2\pi)^{-d} \sup_{\xi \in \mathbf{R}^d} \mathbb{E}(|\hat{Z}_n(\xi)|^2) \int_{\mathbf{R}^d} |\hat{K}_h(\xi)|^2 d\xi$$

$$\leq \sup_{\xi \in \mathbf{R}^d} \mathbb{E}(|\hat{Z}_n(\xi)|^2) \int_{\mathbf{R}^d} K_h^2(x) dx$$

par l'identité de Parseval-Plancherel à nouveau. Or

$$n|\hat{Z}_n(\xi)|^2 = \left(\sum_{k=1}^n (\cos(\xi.X_k) - \mathbb{E}(\cos(\xi.X_k))) \right)^2 +$$

$$\left(\sum_{k=1}^n (\sin(\xi.X_k) - \mathbb{E}(\sin(\xi.X_k))) \right)^2.$$

Pour conclure la preuve de (1.38), on applique alors deux fois le corollaire 1.1, en notant que les variables $\cos(\xi X_k)$ et $\sin(\xi X_k)$ sont à valeurs dans $[-1, 1]$. Ainsi

$$\mathbb{E}(|\hat{Z}_n(\xi)|^2) \leq 8 \int_0^1 (\alpha^{-1}(u) \wedge n) du,$$

ce qui conclut la preuve. ∎

1.5.2. Estimateurs par projection orthogonale.

Soit $w : \mathbf{R}^d \to \mathbf{R}^+$ une fonction de carré localement intégrable. Considérons $\mathbf{R}^d$ muni de la mesure $w(x)dx$. Soit $(e_j)_{j>0}$ un système orthonormé total dans $L^2(w(x)dx)$. Supposons que les observations aient une loi P de densité f dans $L^2(w(x)dx)$. Alors la projection orthogonale de f sur les m premiers vecteurs du système orthonormé total converge vers f dans $L^2(w(x)dx)$ quand m tend vers l'infini. L'estimateur empirique de la densité est donc défini par

$$(1.39) \qquad \hat{f}_n = \sum_{j=1}^m P_n(we_j)e_j = n^{-1} \sum_{j=1}^m \sum_{k=1}^n w(X_k)e_j(X_k)e_j.$$

Alors

$$(1.40) \qquad \mathbb{E}(\hat{f}_n) = \sum_{j=1}^{m} P(we_j)e_j,$$

et donc l'espérance de $\hat{f}_n$ est égale à la projection orthogonale de f dans $L^2(w(x)dx)$ sur les m premiers vecteurs.

Nous donnons ici une majoration de la variance de $\hat{f}_n$ efficiente pour les bases localisées ou les bases de Riesz. Nous renvoyons à Leblanc (1995) pour les estimateurs par ondelettes de la densité et à Ango-Nzé (1994) pour les estimateurs linéaires généraux sous des conditions de mélange fort.

Théorème 1.3. *Soit $(X_i)_{i \in \mathbb{N}}$ une suite d'observations à valeurs dans $\mathbb{R}^d$, strictement stationnaire. Alors, pour l'estimateur par projection défini par (1.39),*

$$(a) \qquad n \int_{\mathbf{R}^d} w(x)\, \mathrm{Var}\, \hat{f}_n(x)dx \le 4 \sum_{i=0}^{n-1} \alpha_i \sup_{x \in \mathbf{R}^d} \left(w(x) \sum_{j=1}^{m} |e_j(x)| \right)^2.$$

Soit h la fonction de Φ définie par $h(x) = (1+x)\log(1+x) - x$. Alors

$$(b) \qquad n \int_{\mathbf{R}^d} w(x)\, \mathrm{Var}\, \hat{f}_n(x)dx \le 20\|\alpha^{-1}(U) \wedge n\|_h \sup_{x \in \mathbf{R}^d} \left(w^2(x) \sum_{j=1}^{m} e_j^2(x) \right).$$

Preuve. Comme le système $(e_j)_{j \in [1,m]}$ est un système orthonormé, un calcul élémentaire montre que

$$(1.41) \qquad n \int_{\mathbf{R}^d} w(x)\, \mathrm{Var}\, \hat{f}_n(x)dx = \sum_{j=1}^{m} \mathrm{Var}\, Z_n(we_j).$$

Soit $\varepsilon_1, \ldots, \varepsilon_m$ une suite finie de signes symétriques et indépendants, choisie indépendante de la suite $(X_i)_{i \in \mathbb{N}}$. Clairement

$$(1.42) \qquad \sum_{j=1}^{m} \mathrm{Var}\, Z_n(we_j) = \mathbb{E}\left(\left(Z_n\left(\sum_{j=1}^{m} \varepsilon_j we_j \right) \right)^2 \right).$$

Conditionnons par $\varepsilon_1, \ldots, \varepsilon_m$. D'après le corollaire 1.1,

$$\mathbb{E}\left(\left(Z_n\left(\sum_{j=1}^{m} \varepsilon_j we_j \right) \right)^2 \mid \varepsilon_1, \ldots, \varepsilon_m \right) \le 4 \sum_{i=0}^{n-1} \alpha_i \left\| \sum_{j=1}^{m} \varepsilon_j w(X_0)e_j(X_0) \right\|_\infty^2.$$

Il suffit alors de noter que

$$\left\| \sum_{j=1}^{m} \varepsilon_j w(X_0) e_j(X_0) \right\|_{\infty} \leq \left\| \sum_{j=1}^{m} w(X_0) |e_j(X_0)| \right\|_{\infty}$$

pour conclure la preuve de (a).

Montrons (b). Soit

$$c = \|\alpha^{-1}(U)\|_h \quad \text{et} \quad c' = \left\| \left(\sum_{j=1}^{m} \varepsilon_j w(X_0) e_j(X_0) \right)^2 \right\|_{h}.$$

Pour tout $(\varepsilon_1, \ldots, \varepsilon_m)$ dans $\{-1, 1\}^m$, on note $Q_{\varepsilon_1, \ldots, \varepsilon_m}$ la fonction de quantile de la variable aléatoire

$$\left| \sum_{j=1}^{m} \varepsilon_j w(X_0) e_j(X_0) \right|.$$

D'après le corollaire 1.1, appliqué conditionnellement à $(\varepsilon_1, \ldots, \varepsilon_m)$,

$$\mathbb{E}\left(\left(Z_n \left(\sum_{j=1}^{m} \varepsilon_j w e_j \right) \right)^2 \right) \leq$$

$$(1.43) \qquad 2^{2-m} \sum_{(\varepsilon_1, \ldots, \varepsilon_m) \in \{-1, 1\}^m} \int_0^1 [\alpha^{-1}(u) \wedge n] Q_{\varepsilon_1, \ldots, \varepsilon_m}^2(u) du.$$

En appliquant l'inégalité (A.7), annnexe A, avec

$$x = [\alpha^{-1}(u) \wedge n]/c \quad \text{et} \quad y = Q_{\varepsilon_1, \ldots, \varepsilon_m}^2(u)/c',$$

il vient alors:

$$\frac{1}{cc'} \mathbb{E}\left(\left(Z_n \left(\sum_{j=1}^{m} \varepsilon_j w e_j \right) \right)^2 \right) \leq$$

$$(1.44) \qquad 4 + 2^{2-m} \sum_{(\varepsilon_1, \ldots, \varepsilon_m)} \int_0^1 h^*(Q_{\varepsilon_1, \ldots, \varepsilon_m}^2(u)/c') du.$$

Mais pour toute variable aléatoire Z, la variable $Q_Z^2(U)$ a même loi que Z^2. Donc

$$\int_0^1 h^*(Q_{\varepsilon_1, \ldots, \varepsilon_m}^2(u)/c') du = \mathbb{E}\left(h^*\left(\left| \sum_{j=1}^{m} \varepsilon_j w(X_0) e_j(X_0) \right|^2 \right) \right),$$

ce qui combiné avec (1.44) et les égalités (1.41) et (1.42) assure que

(1.45)
$$n \int_{\mathbf{R}^d} w(x) \operatorname{Var} \hat{f}_n(x) dx \le$$
$$8 \|\alpha^{-1}(U) \wedge n\|_h \left\| \left(\sum_{j=1}^m \varepsilon_j w(X_0) e_j(X_0) \right)^2 \right\|_{h^*}.$$

Pour achever la preuve, il nous faut montrer que

(1.46)
$$\left\| \left(\sum_{j=1}^m \varepsilon_j w(X_0) e_j(X_0) \right)^2 \right\|_{h^*} \le \frac{5}{2} \sup_{x \in \mathbf{R}^d} \left(w^2(x) \sum_{j=1}^m e_j^2(x) \right).$$

Soit $Y_1, \ldots, Y_m$ une suite de v.a. indépendantes et de loi $N(0,1)$. Alors, pour toute famille de réels $p_1, \ldots, p_m$, et tout entier naturel k,

$$\mathbb{E}((p_1 \varepsilon_1 + \cdots p_m \varepsilon_m)^{2k}) \le \mathbb{E}((p_1 Y_1 + \cdots p_m Y_m)^{2k}).$$

Donc, pour tout $s > 0$,

(1.47)
$$\mathbb{E}(\exp(s(p_1 \varepsilon_1 + \cdots p_m \varepsilon_m)^2)) \le \mathbb{E}(\exp(s(p_1 Y_1 + \cdots p_m Y_m)^2))$$
$$\le (1 - 2s(p_1^2 + \cdots p_m^2))^{-1/2}.$$

Comme $h^*(x) = e^x - 1 - x$ (voir annexe A), nous déduisons de (1.47) que

(1.48)
$$\mathbb{E}\left(h^*\left(s \left| \sum_{j=1}^m \varepsilon_j w(X_0) e_j(X_0) \right|^2 \right) \mid X_0 = x \right) \le$$
$$\psi(sw^2(x)(e_1^2(x) + \cdots + e_m^2(x))),$$

où ψ est la fonction strictement croissante et continue de $[0, 1/2[$ sur $\mathbf{R}^+$ définie par $\psi(x) = (1 - 2x)^{-1/2} - 1 - x$. Par conséquent

$$\left\| \left(\sum_{j=1}^m \varepsilon_j w(X_0) e_j(X_0) \right)^2 \right\|_{h^*} \le \frac{1}{\psi^{-1}(1)} \sup_{x \in \mathbf{R}^d} \left(w^2(x) \sum_{j=1}^m e_j^2(x) \right).$$

Pour conclure la preuve de (1.46), il suffit alors de noter que $\psi(2/5) \le 1$. ■

Application de (a) aux bases inconditionnelles. Supposons que le système orthonormé $(e_1, \ldots, e_m)$ est inconditionnel, c'est à dire qu'il satisfait la condition suivante pour une constante K indépendante de m:

(1.49)
$$\left\| \sum_{j=1}^m c_j w e_j \right\|_\infty \le K \sqrt{m} \sup_{j \in [1,m]} |c_j|.$$

Alors le théorème 1.3 entraîne que

$$(1.50) \qquad \int_{\mathbf{R}^d} w(x)\operatorname{Var} \hat{f}_n(x)dx \leq 4K^2 \frac{m}{n} \sum_{i=0}^{n-1} \alpha_i.$$

Supposons, par exemple, que $w(x) = \mathbb{I}_{]0,1]}$ et considérons l'histogramme à m subdivisions égales . Dans ce cas

$$(1.51) \qquad e_j(x) = \sqrt{m}\mathbb{I}_{](j-1)/m,j/m]} \text{ pour } j \in [1,m],$$

et (1.49) est satisfaite avec $K = 1$. Soit δ dans $]0,1]$. Pour des lois de densité f dans la classe $\mathcal{F}$ des fonctions telles que, pour une constante $C \geq 1$,

$$(1.52) \qquad |f(x) - f(y)| \leq C|x-y|^\delta \text{ pour tout } (x,y) \in [0,1]^2,$$

la majoration (1.52) conduit à l'évaluation suivante du risque quadratique.

Corollaire 1.3. *Soit $(X_i)_{i \in \mathbf{N}}$ une suite d'observations strictement stationnaire, de loi P à support dans $[0,1]$ ayant une densité f dans la classe $\mathcal{F}$ des fonctions satisfaisant (1.52). Alors*

$$D_2(\mathcal{F}) = \inf_{m>0} \sup_{f \in \mathcal{F}} \int_0^1 \mathbb{E}((\hat{f}_n(x) - f(x))^2)dx \leq 8C^2 \left(n^{-1}\sum_{k=0}^{n-1}\alpha_k\right)^{2\delta/(1+2\delta)}.$$

En particulier, si $\sum_{k\geq 0}\alpha_k < \infty$,

$$(a) \qquad D_2(f) = O(n^{-2\delta/(1+2\delta)}),$$

et si $\alpha_k = O(k^{-a})$ pour a dans $]0,1[$,

$$(b) \qquad D_2(f) = O(n^{-2a\delta/(1+2\delta)}).$$

Remarque 1.3. (a) donne la même majoration du risque minimax que pour des observations indépendantes : la vitesse de convergence du risque quadratique est donc optimale dans ce cas. (b) donne une vitesse modifiée. Le risque quadratique est-il encore adéquat dans le cas de vitesses de mélange trop faibles ?

Application de (b) du théorème 1.2 aux bases de Riesz. Supposons que $(e_j)_{j>0}$ est une base de Riesz, c'est à dire qu'il existe une constante K' telle que

$$(1.53) \qquad \|w^2(e_1^2 + \cdots + e_m^2)\|_\infty \leq K'm.$$

Alors, d'après (b) du théorème 1.2,

$$(1.54) \qquad \int_{\mathbf{R}^d} w(x) \operatorname{Var} \hat{f}_n(x) dx \le 20 K' \frac{m}{n} \|\alpha^{-1}(U) \wedge n\|_h.$$

En particulier, sous la condition

$$(1.55) \qquad \sum_{i \ge 0} \alpha_i |\log \alpha_i| < \infty,$$

(1.54) assure que

$$(1.56) \qquad \int_{\mathbf{R}^d} w(x) \operatorname{Var} \hat{f}_n(x) dx = O(m/n).$$

Par exemple, quand $m = 2m' + 1$, $w(x) = \mathbb{1}_{[0,1]}$ et $e_1, \ldots, e_m$ est le système orthonormé trigonométrique engendrant les polynômes trigonométriques de degré m', la condition (1.53) est vérifiée avec $K' = 1$. Dans ce cas, si $\mathcal{F}$ est la boule de rayon R de l'espace de Sobolev d'indice s sur $T = [0,1]/\{0 = 1\}$, le théorème 1.2 montre que, sous (1.55),

$$(1.57) \qquad D_2(\mathcal{F}) = O(n^{-2s/(1+2s)}).$$

Notons que pour les suites β-mélangeantes, Viennet (1997) obtient des résultats analogues sous la condition de β-mélange $\sum_{k \ge 0} \beta_k < \infty$. Dans la section qui suit, nous donnons l'inégalité de covariance à partir de laquelle Viennet obtient ses résultats sur les risques intégrés des estimateurs linéaires généraux.

1.6. Une inégalité de covariance en β-mélange

Dans cette section, nous établissons une inégalité de covariance de Delyon (1990) pour des variables aléatoires satisfaisant une condition de β-mélange. Rappelons la définition du coefficient de β-mélange entre deux tribus $\mathcal{A}$ et $\mathcal{B}$

Définition 1.2. Soient $\mathcal{A}$ et $\mathcal{B}$ deux sous-tribus de $(\Omega, \mathcal{T}, \mathbb{P})$. Définissons la probabilité $\mathbb{P}_{\mathcal{A} \otimes \mathcal{B}}$ sur $(\Omega \times \Omega, \mathcal{A} \otimes \mathcal{B})$ comme mesure image de $\mathbb{P}$ par l'injection i de $(\Omega, \mathcal{T}, \mathbb{P})$ dans $(\Omega \times \Omega, \mathcal{A} \otimes \mathcal{B})$ qui envoie ω sur (ω, ω): cette probabilité est caractérisée par $\mathbb{P}_{\mathcal{A} \otimes \mathcal{B}}(A \times B) = \mathbb{P}(A \cap B)$. Si $\mathbb{P}_{\mathcal{A}}$ et $\mathbb{P}_{\mathcal{B}}$ désignent les restrictions respectives de $\mathbb{P}$ à $\mathcal{A}$ et à $\mathcal{B}$, le coefficient de β-mélange (ou d'absolue régularité) de Volkonskii et Rozanov (1959) est défini par

$$\beta(\mathcal{A}, \mathcal{B}) = \sup_{C \in \mathcal{A} \otimes \mathcal{B}} |\mathbb{P}_{\mathcal{A} \otimes \mathcal{B}}(C) - \mathbb{P}_{\mathcal{A}} \otimes \mathbb{P}_{\mathcal{B}}(C)|.$$

Remarque 1.4. En prenant $C = (A \times B) \cup (A^c \times B^c)$ dans la définition nous obtenons la minoration $\beta(\mathcal{A}, \mathcal{B}) \geq \alpha(\mathcal{A}, \mathcal{B})$.

Considérons maintenant deux v.a. réelles X et Y, mesurables respectivement pour $\mathcal{A}$ et pour $\mathcal{B}$. Il est alors possible d'appliquer l'inégalité de covariance de la section 1.3. Cependant cette inégalité ne contient pas l'inégalité de covariance d'Ibragimov pour les variables uniformément mélangeantes. Nous allons donc rappeler la définition du coefficient de φ-mélange ou mélange uniforme entre deux tribus et donner une nouvelle inégalité de covariance en β-mélange, contenant l'inégalité de covariance d'Ibragimov.

Définition 1.3. Le coefficient de φ-mélange (ou de mélange uniforme) entre deux tribus $\mathcal{A}$ et $\mathcal{B}$ d'Ibragimov (1962) est défini par

$$\varphi(\mathcal{A}, \mathcal{B}) = \sup_{\substack{(A,B) \in \mathcal{A} \times \mathcal{B} \\ P(A) \neq 0}} |\mathbb{P}(B \mid A) - \mathbb{P}(B)|.$$

Ce coefficient est à valeurs dans $[0, 1]$. Il est important de noter que le rôle joué par $\mathcal{A}$ et $\mathcal{B}$ n'est pas symétrique.

Afin de comparer le coefficient de β-mélange et le coefficient de φ-mélange, nous utiliserons l'égalité suivante, dont nous laissons la preuve au lecteur.

$$(1.58) \qquad \beta(\mathcal{A}, \mathcal{B}) = \frac{1}{2} \sup\Big\{ \sum_{i \in I} \sum_{j \in J} |\mathbb{P}(A_i \cap B_j) - \mathbb{P}(A_i)\mathbb{P}(B_j)| \Big\},$$

le maximum étant pris sur toutes les partitions finies $(A_i)_{i \in I}$ et $(B_j)_{j \in J}$ de Ω composées respectivement d'éléments de $\mathcal{A}$ et de $\mathcal{B}$.

Fixons i dans I. Soit J' l'ensemble des indices j pour lesquels

$$\mathbb{P}(A_i \cap B_j) \geq \mathbb{P}(A_i)\mathbb{P}(B_j)$$

et B la réunion des parties B_j correspondantes. Alors

$$\frac{1}{2} \sum_{j \in J} |\mathbb{P}(A_i \cap B_j) - \mathbb{P}(A_i)\mathbb{P}(B_j)| = \mathbb{P}(A_i)(\mathbb{P}(B \mid A_i) - \mathbb{P}(B))$$

$$(1.59) \hspace{6cm} \leq \mathbb{P}(A_i)\varphi(\mathcal{A}, \mathcal{B}).$$

En sommant sur I, nous en déduisons que

$$(1.60) \qquad\qquad\qquad \beta(\mathcal{A}, \mathcal{B}) \leq \varphi(\mathcal{A}, \mathcal{B}).$$

Donnons maintenant l'inégalité de covariance de Delyon (1990). Nous nous restreignons ici aux espaces de Hölder, l'extension aux espaces d'Orlicz ne comportant pas de difficulté supplémentaire.

Théorème 1.4. *Soient $\mathcal{A}$ et $\mathcal{B}$ deux sous-tribus de $(\Omega, \mathcal{T}, \mathbb{P})$. Alors il existe deux variables aléatoires $d_\mathcal{A}$ et $d_\mathcal{B}$ à valeurs dans $[0, 1]$, mesurables respectivement pour $\mathcal{A}$ et pour $\mathcal{B}$, d'espérance égale à $\beta(\mathcal{A}, \mathcal{B})$, telles que, pour tout couple (p, q) d'exposants conjugués et toute couple (X, Y) de variables aléatoires réelles dans $L^p(\mathcal{A}) \times L^q(\mathcal{B})$,*

(a) $$|\operatorname{Cov}(X, Y)| \leq 2\mathbb{E}^{1/p}(d_\mathcal{A}|X|^p)\mathbb{E}^{1/q}(d_\mathcal{B}|Y|^q).$$

De plus $\|d_\mathcal{A}\|_\infty \leq \varphi(\mathcal{A}, \mathcal{B})$ et $\|d_\mathcal{B}\|_\infty \leq \varphi(\mathcal{B}, \mathcal{A})$, et par conséquent

(b) $$|\operatorname{Cov}(X, Y)| \leq 2\varphi(\mathcal{A}, \mathcal{B})^{1/p}\varphi(\mathcal{B}, \mathcal{A})^{1/q}\|X\|_p\|Y\|_q.$$

Remarque 1.5. (a) a été montré par Delyon (1990), (b) est dû à Peligrad (1983) (voir aussi Bradley et Bryc (1985), théorème 1.1.). Nous suivons ici la preuve de Viennet (1997).

Preuve. Comme le couple (X, Y) est mesurable pour la tribu $\mathcal{A} \otimes \mathcal{B}$, il résulte de la décomposition polaire de $\mathbb{P}_{\mathcal{A} \otimes \mathcal{B}} - \mathbb{P}_\mathcal{A} \otimes \mathbb{P}_\mathcal{B}$ que

$$|\operatorname{Cov}(X, Y)| \leq \int_{\Omega \times \Omega} |XY| d|\mathbb{P}_{\mathcal{A} \otimes \mathcal{B}} - \mathbb{P}_\mathcal{A} \otimes \mathbb{P}_\mathcal{B}|.$$

Posons $\mu = |\mathbb{P}_{\mathcal{A} \otimes \mathcal{B}} - \mathbb{P}_\mathcal{A} \otimes \mathbb{P}_\mathcal{B}|$. En appliquant l'inégalité de Hölder, nous en déduisons que

$$|\operatorname{Cov}(X, Y)| \leq \left(\int_{\Omega \times \Omega} |X(\omega)|^p d\mu(\omega, \omega') \right)^{1/p}$$

(1.61) $$\left(\int_{\Omega \times \Omega} |Y(\omega')|^q d\mu(\omega, \omega') \right)^{1/q}.$$

Notons $\mu_\mathcal{A}$ la première marginale de μ et $\mu_\mathcal{B}$ la seconde marginale de μ. Alors, par définition de l'intégrale,

$$\int_{\Omega \times \Omega} |X(\omega)|^p d\mu(\omega, \omega') = \int_\Omega |X|^p d\mu_\mathcal{A}.$$

De même

$$\int_{\Omega \times \Omega} |Y(\omega')|^q d\mu(\omega, \omega') = \int_\Omega |Y|^q d\mu_\mathcal{B}.$$

Pour montrer le théorème 1.4, il suffit alors de montrer que

$$\mu_\mathcal{A} = 2d_\mathcal{A} P_\mathcal{A} \quad \text{et} \quad \mu_\mathcal{B} = 2d_\mathcal{B} P_\mathcal{B},$$

les variables $d_\mathcal{A}$ et $d_\mathcal{B}$ ayant les propriétés requises.

On montre d'abord, en partant de (1.58), que

$$(1.62) \qquad \mu_{\mathcal{A}}(A) = \sup\Big\{\sum_{i \in I}\sum_{j \in J} |\mathbb{P}(A_i \cap B_j) - \mathbb{P}(A_i)\mathbb{P}(B_j)|\Big\},$$

le maximum étant pris sur toutes les partitions finies $(A_i)_{i \in I}$ de A et $(B_j)_{j \in J}$ de Ω composées respectivement d'éléments de $\mathcal{A}$ et de $\mathcal{B}$. Ainsi, pour tout A dans $\mathcal{A}$,

$$\mu_{\mathcal{A}}(A) \le \sup\Big\{\sum_{i \in I}\sum_{j \in J}(\mathbb{P}(A_i \cap B_j) + \mathbb{P}(A_i)\mathbb{P}(B_j))\Big\} \le 2\mathbb{P}(A).$$

D'après le théorème de Radon-Nikodym, $\mu_{\mathcal{A}}$ est donc absolument continue par rapport à la restriction de $\mathbb{P}$ à $\mathcal{A}$, aussi $\mu_{\mathcal{A}} = 2d_{\mathcal{A}}\mathbb{P}$, la fonction $d_{\mathcal{A}}$ étant $\mathcal{A}$-mesurable. De plus $d_{\mathcal{A}} \le 1$ p.s. car $\mu_{\mathcal{A}}(A) \le 2\mathbb{P}(A)$ pour tout A dans $\mathcal{A}$. Enfin

$$\mathbb{E}(d_{\mathcal{A}}) = \int_{\Omega} d\mu_{\mathcal{A}} = 2\beta(\mathcal{A}, \mathcal{B}),$$

ce qui achève la preuve de (a).

Pour montrer (b), il suffit de noter que, d'après (1.59),

$$\mu_{\mathcal{A}}(A) \le 2\varphi(\mathcal{A}, \mathcal{B})\mathbb{P}(A),$$

ce qui implique que $d_{\mathcal{A}} \le \varphi(\mathcal{A}, \mathcal{B})$ p.s. Le théorème est donc démontré. ∎

Cette inégalité de covariance fournit des majorations nouvelles de la variance d'une somme.

Corollaire 1.4. - Viennet (1997) - *Soit $(X_i)_{i \in \mathbb{N}}$ une suite de variables aléatoires strictement stationnaire, à valeurs dans un espace polonais $\mathcal{X}$. Posons $\beta_i = \beta(\sigma(X_0), \sigma(X_i))$. Pour toute fonction numérique g, on pose*

$$S_n(g) = g(X_1) + \cdots + g(X_n).$$

Soit P la loi de X_0. Alors il existe une suite $(b_i)_{i \in \mathbb{Z}}$ de fonctions mesurables de $\mathcal{X}$ dans $[0, 1]$ telle que

$$\int_{\mathcal{X}} b_i \, dP = \beta_i$$

et, pour toute fonction g dans $L^2(P)$,

$$(a) \qquad \operatorname{Var} S_n(g) \le n \int_{\mathcal{X}} (1 + 4b_1 + \cdots + 4b_{n-1}) g^2 \, dP.$$

En particulier, si la série $\sum \beta_i$ est convergente, alors la fonction positive $B = 1 + 4\sum_{i>0} b_i$ est dans $L^1(P)$, et

$$(b) \qquad \operatorname{Var} S_n(g) \le n \int_{\mathcal{X}} B g^2 \, dP.$$

Remarque 1.6. (b) permet de retrouver les bornes sur la variance obtenues en mélange fort sous l'hypothèse un peu plus restrictive d'absolue régularité. En effet, pour tout $i > 0$,

$$\int_{\mathcal{X}} b_i g^2 dP = \iint_{\mathcal{X} \times [0,1]} \mathbb{1}_{t \leq b_i(x)} g^2(x) P \otimes \lambda(dx, dt),$$

si λ désigne la mesure de Lebesgue sur $[0, 1]$. Soient

$$b(t, x) = \mathbb{1}_{t \leq b_i(x)} \text{ et } h(t, x) = g^2(x).$$

Alors, d'après (1.11b) (voir aussi lemme 2.1, chapitre 2),

$$\iint_{\mathcal{X} \times [0,1]} \mathbb{1}_{t \leq b_i(x)} g^2(x) P \otimes \lambda(dx, dt) \leq \int_0^1 Q_b(u) Q_h(u) du$$

$$\leq \int_0^{\beta_i} Q_{g(X_0)}^2(u) du$$

(car $Q_{h^2} = Q_{g(X_0)}^2$). Il en r'esulte que

$$(1.63) \qquad \int_{\mathcal{X}} B g^2 dP \leq \leq 4 \int_0^1 \beta^{-1}(u) Q_g^2(u) du.$$

Preuve du corollaire 1.4. Par stationnarité,

$$\operatorname{Var} S_n(g) - n \operatorname{Var} g(X_0) \leq 2n \sum_{i=1}^{n-1} |\operatorname{Cov}(g(X_0), g(X_i))|.$$

Appliquons (a) du théorème 1.4 avec $p = q = 2$: il existe deux variables $B_{0,i}$ et $B_{i,0}$ à valeurs dans $[0, 1]$ d'espérance β_i, respectivement mesurables pour $\sigma(X_0)$ et $\sigma(X_i)$, telles que

$$|\operatorname{Cov}(g(X_0), g(X_i))| \leq 2\sqrt{\mathbb{E}(B_{0,i} g^2(X_0)) \mathbb{E}(B_{i,0} g^2(X_i))}$$

$$\leq \mathbb{E}(B_{0,i} g^2(X_0)) + \mathbb{E}(B_{i,0} g^2(X_i)).$$

Mais $B_{0,i} = b_{0,i}(X_0)$ et $B_{i,0} = b_{i,0}(X_i)$ et donc, comme X_0 et X_i ont P pour loi,

$$|\operatorname{Cov}(g(X_0), g(X_i))| \leq \int_{\mathcal{X}} (b_{i,0} + b_{0,i}) g^2 dP.$$

On obtient alors (a) en posant $b_i = (b_{i,0} + b_{0,i})/2$. Enfin (b) est immédiat en partant de (a). ∎

L'inégalité de variance du corollaire 1.4 est plus performante pour les applications en statistique non paramétrique que le majorant de (1.63). Par exemple cette inégalité de variance conduit à l'analogue suivant du théorème 1.3 (voir Viennet (1997) pour les risques intégrés des estimateurs linéaires généraux).

Corollaire 1.5. *Soit* $(X_i)_{i \in \mathbf{N}}$ *une suite d'observations à valeurs dans* $\mathbb{R}^d$, *strictement stationnaire. Alors, pour l'estimateur par projection défini par* (1.39),

$$(b) \quad n \int_{\mathbf{R}^d} w(x) \operatorname{Var} \hat{f}_n(x) dx \leq \Big(1 + 4 \sum_{i=1}^{n-1} \beta_i\Big) \sup_{x \in \mathbf{R}^d} \Big(w^2(x) \sum_{j=1}^{m} e_j^2(x)\Big).$$

Preuve. En appliquant (1.41) et (a) du corollaire 1.4, nous obtenons:

$$n \int_{\mathbf{R}^d} w(x) \operatorname{Var} \hat{f}_n(x) dx \leq \sum_{j=1}^{m} \int_{\mathbf{R}^d} \Big(1 + 4 \sum_{i=1}^{n-1} b_i(x)\Big) f(x) w^2(x) e_j^2(x) dx,$$

les fonctions b_i étant positives et satisfaisant $\int_{\mathbf{R}^d} b_i(x) f(x) dx \leq \beta_i$. Donc

$$n \int_{\mathbf{R}^d} w(x) \operatorname{Var} \hat{f}_n(x) dx \leq$$

$$(1.64) \qquad \sup_{x \in \mathbf{R}^d} \Big(w^2(x) \sum_{j=1}^{m} e_j^2(x)\Big) \int_{\mathbf{R}^d} \Big(1 + 4 \sum_{i=1}^{n-1} b_i(x)\Big) f(x) dx,$$

ce qui achève la preuve.

EXERCICES

1) Soit U une variable de loi uniforme sur $[0,1]$ et F la fonction de répartition d'une loi réelle.

a) Montrer que la variable $X = F^{-1}(U)$ a pour loi F.

b) Montrer que, si F est continue, $F(X)$ a la loi uniforme sur $[0,1]$ et $F(X) = U$ p.s.

c) On ne suppose plus F continue. Montrer que si δ est une variable aléatoire de loi uniforme sur $[0,1]$ indépendante de X, alors

$$V = F(X - 0) + \delta(F(X) - F(X - 0))$$

suit la loi uniforme sur $[0,1]$ et $F^{-1}(V) = X$ p.s. Indication: montrer que $X \geq F^{-1}(V)$, puis utiliser l'égalité en loi de ces deux variables. A-t-on $U = V$ p.s. ?

2) Soit μ une loi de probabilité sur $\mathbb{R}^2$ et X une variable aléatoire réelle ayant pour loi la première loi marginale de μ. Soit δ est une variable aléatoire de loi uniforme sur $[0,1]$, indépendante de X. Construire une variable aléatoire $Y = f(X,\delta)$ telle que (X,Y) ait la loi μ (considérer la fonction de répartition conditionnelle à la première coordonnée, et construire Y à l'aide de l'inverse de cette fonction).

3) Soient F et G deux lois à support dans $\mathbb{R}^+$, et (X,Y) un couple de variables aléatoires de lois marginales F et G. Soit U une variable de loi uniforme sur $[0,1]$.

En reprenant la méthode utilisée dans la preuve du théorème 1.1, montrer que

$$(1) \qquad \mathbb{E}(XY) \le \int_0^1 F^{-1}(u)G^{-1}(u)du.$$

Montrer que si l'égalité est réalisée, alors (X,Y) et $(F^{-1}(U), G^{-1}(U))$ ont même distribution. Indication: considérer la fonction de répartition du couple (X,Y).

b) Soit δ une variable aléatoire de loi uniforme sur $[0,1]$, indépendante de (X,Y). Montrer que si l'égalité est réalisée dans (1), on peut construire une variable $V = f(X,Y,\delta)$ de loi uniforme sur $[0,1]$, telle que $(X,Y) = (F^{-1}(V), G^{-1}(V))$ p.s.

4) Soit X une variable aléatoire réelle et Q la fonction de quantile de $|X|$. On suppose qu'il existe une variable aléatoire δ de loi uniforme sur $[0,1]$, indépendante de X. Soit $\mathcal{L}(\alpha)$ la classe des variables aléatoires entières et positives A sur $(\Omega, \mathcal{T}, \mathbb{P})$, telles que $\mathbb{P}(A > x) = \alpha(x)$. Montrer que

$$(2) \qquad \int_0^1 \alpha^{-1}(u)Q^2(u)du = \sup_{A \in \mathcal{L}(\alpha)} \mathbb{E}(AX^2).$$

5) Dans cet exercice, les coefficients de mélange fort sont définis par (1.20). Soit $(X_i)_{i \in \mathbb{Z}}$ une suite stationnaire et fortement mélangeante de variables aléatoires réelles de loi P et de fonction de répartition F. Notre propos est de majorer la variance de Z_n par une capacité dont on étudie les propriétés. Soit Z_n la mesure empirique normalisée et centrée définie par (1.37). Pout tout borélien A, on pose

$$I_n(A) = \sup\Big\{ \sum_{i=1}^k \operatorname{Var} Z_n(A_i) : \{A_1, ..., A_k\}$$

$$\text{décrivant les partitions finies de } A \Big\}.$$

a) Montrer que I_n est une fonction croissante et positive sur la tribu des boréliens (autrement dit une capacité).

b) Montrer que I_n est sur-additive, c'est à dire que, si A et B sont deux boréliens disjoints, $I_n(A \cup B) \geq I_n(A) + I_n(B)$.

c) Montrer que

$$(3) \qquad I_n(A) \leq \sup_{\|f\|_\infty = 1} \text{Var} \, Z_n(f \mathbb{I}_A),$$

et ensuite que $I_n(\mathbb{R}) \leq 4 \sum_{i=0}^{n-1} \alpha_i$.

d) En déduire l'existence d'une fonction de répartition G_n telle que

$$(4) \qquad \text{Var} \, Z_n(]s,t]) \leq 4(G_n(t) - G_n(s)) \sum_{i=0}^{n-1} \alpha_i$$

pour les couples (s,t) tels que $s \leq t$. Comparer avec le corollaire 1.1.

6) Soit F et G deux fonctions de répartition de variables aléatoires positives et intégrables, et X et Y deux variables aléatoires de lois respectives F et G. Φ désigne l'espace de fonctions convexes défini par (1.26).

a) On suppose que F (resp. G) réalise une bijection de $\mathbb{R}^+$ sur $[0,1[$. Montrer que

$$(5) \qquad \int_0^1 F^{-1}(u)G^{-1}(u)du = \inf_{\phi \in \Phi} \mathbb{E}(\phi^*(X) + \phi(Y)).$$

Indication : considérer la fonction ϕ dans Φ telle que $\phi'(G^{-1}) = F^{-1}$.

b) Etudier le cas général.

c) Soit H la fonction de répartition de Z, variable aléatoire positive. On suppose que, pour toute fonction ϕ dans Φ, $\phi(Z)$ est intégrable dès que $\mathbb{E}(\phi(Y)) < \infty$. Montrer que

$$\int_0^1 F^{-1}(u)G^{-1}(u)du < \infty \Longrightarrow \int_0^1 F^{-1}(u)H^{-1}(u)du < \infty.$$

7) Soient X et Y deux variables aléatoires complexes intégrables et telles que $|XY|$ soit intégrable. Montrer que

$$(6) \qquad |\mathbb{E}(XY) - \mathbb{E}(X)\mathbb{E}(Y)| \leq 4 \int_0^\alpha Q_{|X|}(u)Q_{|Y|}(u)du.$$

8) Soient X et Y deux v.a.r. vérifiant les conditions du théorème 1.1, de fonctions de répartition respectives F et G. Montrer que

$$(7) \quad |\text{Cov}(X,Y)| \leq \int_0^{\alpha/2} (F^{-1}(u) - F^{-1}(1-u))(G^{-1}(u) - G^{-1}(1-u))du.$$

Comparer avec (a) du théorème 1.1.

2. MOMENTS ALGÉBRIQUES, PREMIÈRES INÉGALITÉS EXPONENTIELLES

2.1. Introduction

Dans ce chapitre, nous donnons dans un premier temps des majorations explicites des moments algébriques entiers d'une somme de variables aléatoires provenant d'une suite fortement mélangeante. Les inégalités que nous démontrons sont comparables aux inégalités de Rosenthal (1970) pour les moments de sommes de variables aléatoires indépendantes. Ces inégalités donnent des estimées de la déviation d'une somme plus précises que les inégalités de moment de type Marcinkiewicz-Zygmund données dans les travaux de Ibragimov (1962) ou de Billingsley (1968) pour les suites uniformément mélangeantes et Yokoyama (1980) pour les suites fortement mélangeantes, quand les sommes sont de petite variance. Par exemple, ces inégalités sont bien adaptées à l'étude des risques intégrés d'ordre p des estimateurs à noyau et donnent l'ordre de grandeur exact de ces risques, contrairement aux inégalités de moment de Marcinkiewicz-Zygmund: ceci a été montré par Bretagnolle et Huber (1979) pour les variables aléatoires indépendantes. Nous nous inspirons ici du travail de Doukhan et Portal (1983), dans lequel les inégalités de Rosenthal sont étendues aux sommes de variables aléatoires provenant d'une suite uniformément ou fortement mélangeante. Nous donnons ensuite une autre méthode, mieux adaptée aux majorations explicites des constantes dans ces inégalités de moment, qui nous permet d'obtenir des inégalités exponentielles sous certaines conditions en optimisant en p l'inégalité de Markov appliquée à S_n^{2p}. Cette méthode est ensuite utilisée dans une dernière section pour obtenir des majorants pour les moments non algébriques d'ordre supérieur à deux.

2.2. Une majoration du moment d'ordre quatre

Dans cette section, nous reprenons la méthode proposée par Billingsley (1968, section 22) pour calculer le moment d'ordre quatre d'une somme de variables aléatoires dans le cas du mélange uniforme et nous l'adaptons aux suites fortement mélangeantes.

Notation 2.1. Soit $(X_i)_{i \in \mathbb{Z}}$ une suite de variables aléatoires. Posons $\mathcal{F}_k = \sigma(X_i : i \leq k)$ et $\mathcal{G}_l = \sigma(X_i : i \geq l)$. Par convention, si la suite $(X_i)_{i \in T}$ est définie sur une partie T de $\mathbb{Z}$, nous poserons $X_i = 0$ pour i dans $\mathbb{Z} \setminus T$ afin d'obtenir une extension sur $\mathbb{Z}$.

Dans les sections 2.2 et 2.3, les coefficients de mélange fort $(\alpha_n)_{n \geq 0}$ d'une suite $(X_i)_{i \in \mathbb{Z}}$ sont définis, comme dans Rosenblatt (1956), par

$$(2.1) \qquad \alpha_0 = 1/2 \ \text{ et } \ \alpha_n = \sup_{k \in \mathbb{Z}} \alpha(\mathcal{F}_k, \mathcal{G}_{k+n}) \ \text{ pour } \ n > 0.$$

De l'inégalité (a) du théorème 1.1, nous déduisons la majoration suivante du moment d'ordre quatre pour les suites non stationnaires.

Théorème 2.1. *Soit $(X_i)_{i \in \mathbb{N}}$ une suite de variables aléatoires réelles centrées, ayant un moment d'ordre quatre fini. Posons $Q_k = Q_{|X_k|}$. Alors*

$$\mathbb{E}(S_n^4) \leq 3 \sum_{(i,j,k,l) \in [1,n]^4} |\mathbb{E}(X_i X_j) \mathbb{E}(X_k X_l)|$$
$$+ 48 \sum_{k=1}^{n} \int_0^1 [\alpha^{-1}(u) \wedge n]^3 Q_k^4(u) du.$$

Preuve. Nous pouvons supposer que $X_i = 0$ si $i \notin [1, n]$. Alors

$$\mathbb{E}(S_n^4) = 3 \sum_{i \leq j \leq k \leq l} \mathbb{E}(X_i X_j X_k X_l)(1 + \mathbb{I}_{i<j})(1 + \mathbb{I}_{j<k})(1 + \mathbb{I}_{k<l})$$
$$(2.2) \hspace{6cm} - 2 \sum_{(i,j)} \mathbb{E}(X_i^3 X_j).$$

Il en résulte que

$$(2.3) \ \ \mathbb{E}(S_n^4) \leq 3 \sum_{i \leq j \leq k \leq l} |\mathbb{E}(X_i X_j X_k X_l)|(1 + \mathbb{I}_{i<j})(1 + \mathbb{I}_{j<k})(1 + \mathbb{I}_{k<l}).$$

Nous allons appliquer l'inégalité (a) du théorème 1.1 là où l'espacement entre les variables est le plus grand. Soit donc $m = \sup(j - i, k - j, l - k)$. Quand $m = k - j$, l'inégalité (a) du théorème 1.1. appliquée à $X = X_i X_j$ et $Y = X_k X_l$ assure que
$$(2.4)$$
$$|\mathbb{E}(X_i X_j X_k X_l)| \leq |\mathbb{E}(X_i X_j) \mathbb{E}(X_k X_l)| + 2 \int_0^{\alpha_m} Q_{X_i X_j}(u) Q_{X_k X_l}(u) du.$$

Quand $m > k - j$ et $m = j - i$, l'inégalité (a) du théorème 1.1. appliquée à $X = X_i$ et $Y = X_j X_k X_l$ assure que

$$|\mathbb{E}(X_i X_j X_k X_l)| \leq 2 \int_0^{\alpha_m} Q_{X_i}(u) Q_{X_j X_k X_l}(u) du$$

$$(2.5) \qquad \leq |\mathbb{E}(X_i X_j)\mathbb{E}(X_k X_l)| + 2 \int_0^{\alpha_m} Q_{X_i X_j}(u) Q_{X_k X_l}(u) du.$$

Le cas $m = l - k$ et $\sup(k - j, j - i) < m$ se traite de même et conduit à une inégalité analogue. Pour achever la majoration nous allons utiliser le lemme suivant, dû à Bass (1955) pour $p = 2$.

Lemme 2.1. *Soient* $Z_1, \ldots Z_p$ *des variables aléatoires positives. Alors*

$$(a) \qquad \mathbb{E}(Z_1 \ldots Z_p) \leq \int_0^1 Q_{Z_1}(u) \ldots Q_{Z_p}(u) du.$$

Par conséquent

$$(b) \qquad \int_0^1 Q_{Z_1 Z_2}(u) Q_{Z_3}(u) \ldots Q_{Z_p}(u) du \leq \int_0^1 Q_{Z_1}(u) Q_{Z_2}(u) \ldots Q_{Z_p}(u) du$$

et

$$\int_0^1 Q_{Z_1 + Z_2}(u) Q_{Z_3}(u) \ldots Q_{Z_p}(u) du \leq$$

$$(c) \qquad \int_0^1 (Q_{Z_1}(u) + Q_{Z_2}(u)) Q_{Z_3}(u) \ldots Q_{Z_p}(u) du.$$

Preuve. Montrons d'abord (a). D'après le théorème de Fubini,

$$\mathbb{E}(Z_1 \ldots Z_p) = \int_{\mathbb{R}^p} \mathbb{P}(Z_1 > z_1, \ldots, Z_p > z_p) dz_1 \ldots dz_p$$

$$(2.6) \qquad \leq \int_{\mathbb{R}^p} \inf_{i \in [1,p]} \mathbb{P}(Z_i > z_i) dz_1 \ldots dz_p.$$

Mais

$$(2.7) \qquad \inf_{i \in [1,p]} \mathbb{P}(Z_i > z_i) = \int_0^1 \mathbb{I}_{z_1 < Q_{Z_1}(u)} \cdots \mathbb{I}_{z_p < Q_{Z_p}(u)} du.$$

En injectant (2.7) dans (2.6) et en appliquant le théorème de Fubini, on obtient alors (a).

Montrons (b). Soit U v.a. de loi uniforme sur $[0, 1]$. Alors, pour Z v.a. positive, $Q_Z(U)$ a même loi que Z. Rappelons (voir exercice 1, chapitre 1) que si $H(t) = \mathbb{P}(Z_1 Z_2 > t)$, alors, pour toute variable δ de loi uniforme sur $[0, 1]$ indépendante de (Z_1, Z_2),

$$W = 1 - V = H(Z_1 Z_2 - 0) + \delta(H(Z_1 Z_2) - H(Z_1 Z_2 - 0))$$

suit la loi uniforme. On pose alors

$$(T_1, T_2, \cdots, T_p) = (Z_1, Z_2, Q_{Z_3}(W), \ldots, Q_{Z_p}(W)),$$

en sorte que $(T_1 T_2, T_3, \ldots, T_p)$ et $(Q_{Z_1 Z_2}(U), Q_{Z_3}(U), \ldots, Q_{Z_p}(U))$ aient même distribution. Par (a) du lemme 2.1,

$$\int_0^1 Q_{Z_1 Z_2}(u) Q_{Z_3}(u)...Q_{Z_p}(u) du = \mathbb{E}(T_1 T_2...T_p)$$

$$\leq \int_0^1 Q_{Z_1}(u) Q_{Z_2}(u)...Q_{Z_p}(u) du.$$

La preuve de (c) est omise. ∎

Finissons la preuve du théorème 2.1. Les inégalités (2.4) et (2.5) suivies d'une application répétée de (b) du lemme 2.1 montrent que

$$|\mathbb{E}(X_i X_j X_k X_l)| \leq 2 \int_0^{\alpha_m} Q_i(u) Q_j(u) Q_k(u) Q_l(u) du$$

(2.8) $$+ |\mathbb{E}(X_i X_j)\mathbb{E}(X_k X_l)|,$$

où m est l'espacement maximal. Donc, d'après (2.3) et (2.8),

$$\mathbb{E}(S_n^4) - 3 \sum_{(i,j,k,l)} |\mathbb{E}(X_i X_j)\mathbb{E}(X_k X_l)|$$

$$\leq 12 \sum_{i \leq j \leq k \leq l} \int_0^{\alpha_m} (Q_i^4(u) + Q_j^4(u) + Q_k^4(u) + Q_l^4(u)) du$$

(2.9) $$\leq 48 \sum_{m=0}^{n-1} \sum_{k=1}^{n} \int_{\alpha_{m+1}}^{\alpha_m} (m+1)^3 Q_k^4(u) du,$$

avec la convention $\alpha_n = 0$ dans (2.9), ce qui conclut la preuve du théorème 2.1. ∎

Application aux variables aléatoires bornées. Supposons que $\|X_i\|_\infty \leq 1$ pour tout $i > 0$. Alors, d'après le théorème 2.1 suivi du corollaire 1.2,

$$\mathbb{E}(S_n^4) \leq 3 \Big(\sum_{i=1}^{n} \sum_{j=1}^{n} |\mathbb{E}(X_i X_j)|\Big)^2 + 144 n \sum_{m=0}^{n-1} (m+1)^2 \alpha_m$$

(2.10) $$\leq 48 n^2 \Big(\sum_{m=0}^{n-1} \alpha_m\Big)^2 + 144 n \sum_{m=0}^{n-1} (m+1)^2 \alpha_m.$$

Comparons ce résultat avec le lemme 4, section 20, dans Billingsley (1968). Ce lemme donne, dans notre contexte (noter que la preuve de Billingsley s'applique aussi aux suites fortement mélangeantes),

$$(2.11) \qquad \mathbb{E}(S_n^4) \leq 768 n^2 \Big(\sum_{m=0}^{n-1} \sqrt{\alpha_m} \Big)^2.$$

Posons, pour $p > 0$,

$$(2.12) \qquad \Lambda_p(\alpha^{-1}) = \sup_{0 \leq m < n} (m+1)(\alpha_m)^{1/p}.$$

En appliquant (2.10), nous obtenons

$$(2.13) \qquad \mathbb{E}(S_n^4) \leq (8\pi^2 + 144)(n\Lambda_2(\alpha^{-1}))^2 \leq 224 n^2 (\Lambda_2(\alpha^{-1}))^2.$$

Or, puisque la suite $(\alpha_m)_{m \geq 0}$ est décroissante,

$$(2.14) \qquad \Lambda_2(\alpha^{-1}) \leq \sum_{m=0}^{n-1} \sqrt{\alpha_m},$$

ce qui montre que (2.13) est meilleure que (2.11). Enfin, si la suite des coefficients de mélange fort est majorée par c/m^2, (2.13) implique que $\mathbb{E}(S_n^4) = O(n^2)$, alors que (2.11) ne permet pas de conclure. ∎

2.3. Moments algébriques d'ordre pair quelconque.

Dans cette section, nous étendons l'inégalité de moment de la section précédente aux moments d'ordre entier pair. le résultat principal est le suivant.

Théorème 2.2.   *Soit p un entier naturel non nul et $(X_i)_{i \in \mathbb{N}}$ une suite de variables aléatoires réelles centrées, ayant un moment d'ordre $2p$ fini. Posons $Q_k = Q_{X_k}$. Alors il existe des constantes positives a_p et b_p telles que*

$$\mathbb{E}\Big(\frac{S_n^{2p}}{(2p)!} \Big) \leq a_p \Big(\int_0^1 \sum_{k=1}^n [\alpha^{-1}(u) \wedge n] Q_k^2(u) du \Big)^p$$

$$+ b_p \sum_{k=1}^n \int_0^1 [\alpha^{-1}(u) \wedge n]^{2p-1} Q_k^{2p}(u) du.$$

Remarque 2.1. Rappelons que $Q_k(U)$ et $|X_k|$ ont même loi. Les quantités introduites ci-dessus sont donc des moments pondérés par la vitesse de mélange. Nous renvoyons à l'annexe C pour diverses majorations de ces moments en fonction des propriétés d'inégrabilité des variables X_k et du taux de mélange.

Doukhan et Portal (1983) donnent des relations de récurrence qui permettent de majorer les coefficients a_p et b_p par récurrence sur p. Cette majoration explicite des coefficients a_p et b_p leur permet d'obtenir des inégalités exponentielles pour les suites ou les champs géométriquement mélangeants; voir Doukhan, León et Portal (1984) ou Doukhan (1994). Il est possible d'obtenir des inégalités de moments pour les moments non entiers par des techniques d'interpolation; voir Utev (1985) et Doukhan (1994). Cependant ces inégalités sont alors obtenues sous des conditions de mélange un peu trop restrictives, comme nous le verrons dans le chapitre six.

Preuve. Nous reprenons ici la preuve de Doukhan et Portal (1983); voir aussi Doukhan (1994). Posons, pour q entier positif,

$$(2.15) \qquad A_q(n) = \sum_{1 \leq i_1 \leq \cdots \leq i_q \leq n} |\mathbb{E}(X_{i_1} \ldots X_{i_q})|.$$

Clairement

$$(2.16) \qquad \mathbb{E}(S_n^{2p}) \leq (2p)! A_{2p}(n).$$

Nous sommes donc ramenés à la majoration des quantités $A_q(n)$. Cette majoration se fait par récurrence à l'aide du lemme suivant.

Lemme 2.2. *Supposons que les variables* $X_1, \ldots X_n$ *soient centrées et telles, pour tout k dans $[1, n]$, $\mathbb{E}(|X_k|^q) < \infty$. Alors*

$$A_q(n) \leq \sum_{r=1}^{q-1} A_r(n) A_{q-r}(n) + 2 \sum_{k=1}^{n} \int_0^1 [\alpha^{-1}(u) \wedge n]^{q-1} Q_k^q(u) du.$$

Preuve. Comme auparavant, on peut imposer $\alpha_n = 0$. Soit

$$m(i_1, \ldots, i_q) = \sup_{k \in [1, q[} (i_{k+1} - i_k)$$

et

$$(2.17) \qquad j = \inf\{k \in [1, q[: i_{k+1} - i_k = m(i_1, \ldots, i_q)\}.$$

L'inégalité (a) du théorème 1.1. appliquée à $X = X_{i_1} \ldots X_{i_j}$, et $Y = X_{i_{j+1}} \ldots X_{i_q}$, suivie d'une application de (b) du lemme 2.1 assure que

$$|\mathbb{E}(X_{i_1} \ldots X_{i_q})| \leq |\mathbb{E}(X_{i_1} \ldots X_{i_j}) \mathbb{E}(X_{i_{j+1}} \ldots X_{i_q})|$$
$$(2.18) \qquad\qquad + 2 \int_0^{\alpha_{m(i_1, \ldots, i_q)}} Q_{i_1}(u) \ldots Q_{i_q}(u) du.$$

En sommant (2.18) sur toutes les configurations possibles, nous en déduisons que
(2.19)

$$A_q(n) \le \sum_{r=1}^{q-1} A_r(n)A_{q-r}(n) + 2 \sum_{i_1 \le \cdots \le i_q} \int_0^{\alpha_{m(i_1,\ldots,i_q)}} Q_{i_1}(u)\ldots Q_{i_q}(u)du.$$

L'inégalité élémentaire

$$Q_{i_1}(u)\ldots Q_{i_q}(u) \le q^{-1}(Q_{i_1}^q(u) + \cdots + Q_{i_q}(u))$$

ainsi qu'une interversion entre la sommation et l'intégration montrent que

$$\sum_{i_1 \le \cdots \le i_q} \int_0^{\alpha_{m(i_1,\ldots,i_q)}} Q_{i_1}(u)\ldots Q_{i_q}(u)du \le$$

$$\frac{1}{q} \sum_{l=1}^q \sum_{i_l=1}^n \sum_{m=0}^{n-1} \int_{\alpha_{m+1}}^{\alpha_m} \chi(i_l,m)Q_{i_l}^q(u)du,$$

où $\chi(i_l,m)$ désigne le nombre de (q-1)-uplets $(i_1,..,i_{l-1},i_{l+1},..,i_q)$ tels que

$$i_1 \le \cdots \le i_{l-1} \le i_l \le i_{l+1} \le \cdots \le i_q \quad \text{et} \quad \sup_{k \in [1,q[} (i_{k+1} - i_k) \le m.$$

Il suffit alors de noter que $\chi(i_l,m) \le (m+1)^{q-1}$ pour conclure la preuve du lemme 2.2. ∎

Finissons la preuve du théorème 2.2. Posons

(2.20) $$M_{q,\alpha,n} = \sum_{k=1}^n \int_0^1 [\alpha^{-1}(u) \wedge n]^{q-1} Q_k^q(u)du.$$

Nous allons montrer par récurrence que

$$\mathcal{H}(q) \qquad\qquad A_q(n) \le a_q M_{2,\alpha,n}^{q/2} + b_q M_{q,\alpha,n}.$$

Au rang $q = 2$, l'hypothèse de récurrence est satisfaite avec $a_2 = 2$ et $b_2 = 0$. Supposons maintenant $\mathcal{H}(r)$ vraie jusqu'au rang $q-1$ inclus. Alors, au rang q, d'après le lemme 2.2,

$$A_q(n) \le \sum_{r=2}^{q-2} (a_r M_{2,\alpha,n}^{r/2} + b_r M_{r,\alpha,n})(a_{q-r} M_{2,\alpha,n}^{(q-r)/2} + b_{q-r} M_{q-r,\alpha,n}) + 2M_{q,\alpha,n}.$$

Pour montrer que $\mathcal{H}(q)$ est satisfaite pour un choix convenable de a_q et de b_q, il suffit de montrer que, pour tout r dans $[2, q-2]$,

$$(a_r M_{2,\alpha,n}^{r/2} + b_r M_{r,\alpha,n})(a_{q-r} M_{2,\alpha,n}^{(q-r)/2} + b_{q-r} M_{q-r,\alpha,n}) \le$$

(2.21) $$a_{q,r} M_{2,\alpha,n}^{q/2} + b_{q,r} M_{q,\alpha,n}.$$

Appliquons l'inégalité de Young

$$qxy \leq rx^{q/r} + (q-r)y^{q/(q-r)}$$

au produit à gauche dans (2.21). En notant que

$$(v+w)^s \leq 2^{s-1}(v^s + w^s)$$

pour $s \geq 1$, nous sommes ramenés à montrer que

(2.22) $$M_{r,\alpha,n}^{q/r} \leq c_{q,r}(M_{2,\alpha,n}^{q/2} + M_{q,\alpha,n}).$$

Posons

$$M_{p,\alpha,n}(Q_k) = \int_0^1 [\alpha^{-1}(u) \wedge n]^{p-1} Q_k^p(u)\, du.$$

L'inégalité de Hölder assure que

$$M_{r,\alpha,n}(Q_k) \leq (M_{q,\alpha,n}(Q_k))^{(r-2)/(q-2)}(M_{2,\alpha,n}(Q_k))^{(q-r)/(q-2)}.$$

Donc, en appliquant l'inégalité de Hölder à la somme des n termes avec les exposants $(q-2)/(r-2)$ et $(q-2)/(q-r)$, il vient:

$$M_{r,\alpha,n} \leq M_{q,\alpha,n}^{(r-2)/(q-2)} M_{2,\alpha,n}^{(q-r)/(q-2)} \leq c'_{r,q}(M_{q,\alpha,n}^{r/q} + M_{2,\alpha,n}^{r/2})$$

(appliquer l'inégalité de Young adéquate pour obtenir la seconde inégalité). Cette inégalité implique immédiatement (2.22). Nous avons donc établi (2.21), et par conséquent montré l'existence de constantes a_q et b_q pour lesquelles l'hypothèse de récurrence est satisfaite au rang q. Donc $\mathcal{H}(q)$ est vraie pour tout $q \geq 2$. Il suffit alors d'appliquer (2.16) pour obtenir le théorème 2.2. ∎

Application aux variables aléatoires bornées. Supposons que $\|X_i\|_\infty \leq 1$ pour tout $i > 0$. Le théorème 2.2 donne alors

(2.23) $$\mathbb{E}(S_n^{2p}) \leq (2a_p + b_p)n^p(\Lambda_p(\alpha^{-1}))^p,$$

Donc, si les coefficients de mélange fort $(\alpha_m)_{m \geq 0}$ satisfont $\alpha_m = O(m^{-p})$, (2.23) implique l'inégalité de type Marcinkiewicz-Zygmund $\mathbb{E}(S_n^{2p}) = O(n^p)$, alors que les inégalités de Yokoyama (1980) ne permettent pas de conclure (voir annexe C pour plus de détails). ∎

2.4. Vers des inégalités exponentielles.

Les sections précédentes nous ont permis d'obtenir des inégalités de moments dans lesquelles les constantes peuvent être majorées explicitement. Cependant il est difficile d'obtenir une dépendance optimale des constantes en fonction de p par la méthode des sections 2.2 et 2.3. Ceci justifie l'introduction d'une nouvelle méthode de calcul mieux adaptée à l'obtention d'inégalités exponentielles sous des contraintes de décroissance géométrique des coefficients de mélange. Nous obtiendrons aussi par cette méthode des inégalités exponentielles dans le cas des suites uniformément mélangeantes similaires aux inégalités de Collomb (1984).

Notation 2.2. On pose $\mathbb{E}_i(X_k) = \mathbb{E}(X_k \mid \mathcal{F}_i)$.

Donnons d'abord l'inégalité fondamentale de cette section.

Théorème 2.3. *Soit $(X_i)_{i \in \mathbb{Z}}$ une suite de variables aléatoires réelles et ψ une application convexe de $\mathbb{R}$ dans $\mathbb{R}^+$, nulle en 0, différentiable sur $\mathbb{R}$ et dont la mesure de Stieltjes de la dérivée est abolument continue par rapport à la mesure de Lebesgue λ sur $\mathbb{R}$. Posons $\psi'' = (d\psi'/d\lambda)$. Supposons que, pour tout i dans $[1, n]$ et tout k dans $[i, n]$,*

$$(a) \qquad \mathbb{E}(|(\psi'(S_i) - \psi'(S_{i-1}))X_k|) < \infty.$$

Alors

$$\mathbb{E}(\psi(S_n)) = \sum_{i=1}^n \int_0^1 \mathbb{E}\left(\psi''(S_{i-1} + tX_i)\left(-tX_i^2 + X_i \sum_{k=i}^n \mathbb{E}_i(X_k)\right)\right) dt.$$

Preuve. Clairement

$$\psi(S_n) = \sum_{i=1}^n (\psi(S_i) - \psi(S_{i-1}))$$

$$= \sum_{k=1}^n \psi'(S_{k-1})X_k + \sum_{i=1}^n \int_0^1 (1-t)\psi''(S_{i-1} + tX_i)X_i^2 dt.$$

Mais

$$\psi'(S_{k-1}) = \sum_{i=1}^{k-1}(\psi'(S_i) - \psi'(S_{i-1})) = \sum_{i=1}^{k-1} \int_0^1 \psi''(S_{i-1} + tX_i)X_i dt.$$

En introduisant cette formule dans la décomposition précédente on obtient alors

$$(2.24) \qquad \psi(S_n) = \sum_{i=1}^n \int_0^1 \psi''(S_{i-1} + tX_i)\left(-tX_i^2 + X_i \sum_{k=i}^n X_k\right) dt.$$

Pour conclure la preuve, il suffit de prendre l'espérance dans cette inégalité et de noter que, d'après (a), les variables

$$\psi''(S_{i-1} + tX_i)X_i^2 \quad \text{et} \quad \psi''(S_{i-1} + tX_i)X_iX_k$$

sont intégrables pour la mesure produit $\lambda \otimes \mathbb{P}$. Par conséquent

$$\mathbb{E}(|\psi''(S_{i-1} + tX_i)X_i\mathbb{E}_i(X_k)|) < \infty \text{ p.p.}$$

et, d'après le théorème de Fubini,

$$\mathbb{E}\left(\int_0^1 \psi''(S_{i-1} + tX_i)X_iX_k dt\right) = \int_0^1 \mathbb{E}\left(\psi''(S_{i-1} + tX_i)X_i\mathbb{E}_i(X_k)\right)dt,$$

ce qui conclut la preuve.

Comme première application, nous allons montrer une inégalité de type Hoeffding (voir théorème B.4, annexe B) pour les suites de v.a. réelles bornées. Cette inégalité est une extension de l'inégalité d'Azuma (1967) pour les martingales avec différences bornées bien adaptée aux suites uniformément mélangeantes

Théorème 2.4. *Soit* $(X_i)_{i \in [1,n]}$ *une suite de variables aléatoires réelles satisfaisant la condition suivante: il existe une suite* $(m_i)_{i \in [1,n]}$ *de réels positifs telle que*

$$(a) \quad \sup_{j \in [i,n]} \left(\|X_i^2\|_\infty + \|2X_i \sum_{k=i+1}^j \mathbb{E}_i(X_k)\|_\infty\right) \leq m_i \text{ pour tout } i \in [1,n],$$

avec la convention $\sum_{k=i+1}^i \mathbb{E}_i(X_k) = 0$. *Alors, pour tout entier naturel* p *et tout* $n > 0$,

$$(b) \qquad\qquad \mathbb{E}(S_n^{2p}) \leq \frac{(2p)!}{2^p\,p!}\left(\sum_{i=1}^n m_i\right)^p.$$

Par conséquent, pour tout x *positif,*

$$(c) \qquad\qquad \mathbb{P}(|S_n| \geq x) \leq \sqrt{e}\exp\left(-x^2/(2m_1 + \cdots + 2m_n)\right).$$

Preuve. Soit, pour p entier pair, $\psi_p(x) = x^{2p}/(2p)!$. Montrons (b) par récurrence sur p. Au rang 0, (b) est satisfaite car $S_n^0 = 1$. Supposons que, pour toute suite de réels positifs $(m_i)_{i>0}$ et toute suite de variables aléatoires satisfaisant l'hypothèse (a) du théorème 2.4, l'inégalité (b) soit satisfaite. Alors, au rang $p + 1$, nous pouvons appliquer le théorème 2.3 à ψ_{p+1}. Comme $\psi''_{p+1} = \psi_p$, la fonction ψ_{p+1} satisfait les hypothèses du théorème. L'hypothèse (a) est satisfaite car $\|X_i\|_\infty^2 \leq m_i$, ce qui assure que toutes les variables considérées sont bornées. Posons $M_i = \|X_i\|_\infty^2$. Par une application du théorème 2.3,

$$(2.25) \quad 2\mathbb{E}(\psi_{p+1}(S_n)) \leq \sum_{i=1}^n \int_0^1 \mathbb{E}(\psi_p(S_{i-1} + tX_i))(m_i + (1 - 2t)M_i)dt.$$

Nous pouvons maintenant appliquer l'hypothèse de récurrence à la suite $(X'_l)_{l\in[1,n]}$ définie par $X'_l = X_l$ si $l < i$, $X'_i = tX_i$ et $X'_l = 0$ si $l > i$. Pour $l < i$,

$$X'_l \sum_{m=l+1}^{j} \mathbb{E}_l(X'_m) = X_l \sum_{m=l+1}^{j} \mathbb{E}_l(X_m)$$

si $j < i$ et

$$X'_l \sum_{m=l+1}^{j} \mathbb{E}_l(X'_m) = tX_l \sum_{m=l+1}^{i} \mathbb{E}_l(X_m) + (1-t)X_l \sum_{m=l+1}^{i-1} \mathbb{E}_l(X_m)$$

si $j \geq i$. Aussi la suite $(m'_i)_i$ associée à $(X'_i)_i$ peut être définie par $m'_l = m_l$ pour $l < i$, puis $m'_i = t^2 M_i$ et $m_l = 0$ pour $l > i$. Donc, sous l'hypothèse de récurrence,

$$2^p p! \; \mathbb{E}(\psi_p(S_{i-1} + tX_i)) \leq (m_1 + \cdots + m_{i-1} + t^2 M_i)^p.$$

Comme $m_i - M_i \geq 0$, on en déduit que

$$2^{p+1} p! \int_0^1 \mathbb{E}(\psi_p(S_{i-1} + tX_i))(m_i + (1-2t)M_i)dt \leq$$

(2.26)
$$\int_0^1 (m_1 + \cdots + m_{i-1} + t^2 M_i)^p (m_i + (1-2t)M_i)dt.$$

Posons

$$\Delta_i = (m_1 + \cdots + m_{i-1} + M_i)^{p+1} - (m_1 + \cdots + m_{i-1})^{p+1}.$$

Comme $t^2 \leq t$ sur $[0,1]$,

$$\int_0^1 (m_1 + \cdots + m_{i-1} + t^2 M_i)^p M_i dt \leq \Delta_i/(p+1).$$

En posant $u = t^2$, on obtient aussi

$$\int_0^1 (m_1 + \cdots + m_{i-1} + t^2 M_i)^p 2t M_i dt = \Delta_i/(p+1).$$

Par conséquent, le terme intégré provenant de $(1-2t)M_i$ est négatif, et comme $t^2 M_i \leq tm_i$,

$$\int_0^1 (m_1 + \cdots + m_{i-1} + t^2 M_i)^p (m_i + (1-2t)M_i)dt$$

(2.27)
$$\leq \int_0^1 (m_1 + \cdots + m_{i-1} + tm_i)^p m_i dt.$$

En collectant (2.26) et (2.27), on obtient alors

$$2^{p+1}(p+1)! \int_0^1 \mathbb{E}(\psi_p(S_{i-1}+tX_i))(m_i+(1-2t)M_i)dt \le$$

(2.28)
$$(m_1+\cdots+m_i)^{p+1}-(m_1+\cdots+m_{i-1})^{p+1},$$

et (2.25) ainsi que (2.28) impliquent alors l'hypothèse de récurrence au rang $p+1$. Donc, par récurrence, (b) est vraie pour tout p positif.

Pour montrer (c), appliquons l'inégalité de Markov à S_n^{2p} pour un entier p bien choisi. Posons

$$A = x^2/(2m_1+\cdots+2m_n)$$

et choisissons $p = [A+(1/2)]$, les crochets désignant la partie entière. L'inégalité (c) est triviale pour $A \le 1/2$. On peut donc supposer $A \ge 1/2$. Alors $p > 0$. et en appliquant l'inégalité de Markov à S_n^{2p}, il vient:

(2.29)
$$\mathbb{P}(|S_n| \ge x) \le (4A)^{-p}(2p)!/p!.$$

Quand A est dans $[1/2, 3/2]$, cette inégalité donne

$$\mathbb{P}(|S_n| \ge x) \le (2A)^{-1} \le \sqrt{e}\exp(-A),$$

car $2A \ge \exp(A-1/2)$ pour A dans $[1/2, 3/2]$. Quand $A \ge 3/2$, comme la fonction $n \to (2\pi n)^{-1/2}(e/n)^n n!$ est monotone décroissante vers 1,

$$(2p)! \le \sqrt{2}(4p/e)^p p!$$

et donc

$$\mathbb{P}(|S_n| \ge x) \le \sqrt{2}\,(eA)^{-p}p^p.$$

Passons au logarithme:

$$A + \log\mathbb{P}(|S_n| \ge x) \le \log\sqrt{2} + f_p(A),$$

où $f_p(A) = (A-p) - p\log(A/p)$. Ici $p \ge 2$ et A décrit $[p-1/2, p+1/2[$. Étudions les variations de f_p. Comme $f_p'(A) = (A-p)/A$ et $f_p''(A) = p/A^2$, la fonction f_p est convexe, atteint son minimum en A et ce minimum vaut 0. Par décroissance de f_p'', le maximum de f_p est atteint pour $A = p-1/2$ et donc

$$A + \log\mathbb{P}(|S_n| \ge x) \le \frac{\log 2 - 1}{2} + p\log\Big(\frac{2p}{2p-1}\Big) \le \frac{\log 2 - 1}{2} + 2\log(4/3)$$

car $p \ge 2$. Donc

$$\mathbb{P}(|S_n| \ge x) \le \frac{16\sqrt{2}}{9\sqrt{e}}\exp(-A) \le \sqrt{e}\exp(-A),$$

ce qui conclut la preuve. ∎

Donnons maintenant une application du théorème 2.4 aux suites uniformément mélangeantes. Définissons d'abord les coefficients de mélange uniforme utilisés ici.

Définition 2.1. Les coefficients de mélange uniforme de la suite $(X_i)_{i \in \mathbb{Z}}$ sont définis par

$$\varphi_0 = 1 \quad \text{et} \quad \varphi_n = \sup_{k \in \mathbb{Z}} \varphi(\mathcal{F}_k, \sigma(X_{k+n})) \quad \text{pour } n > 0.$$

Le corollaire ci-dessous étend l'inégalité de Hoeffding pour les variables aléatoires indépendantes aux processus uniformément mélangeants.

Corollaire 2.1. *Soit* $(X_i)_{i \in \mathbb{Z}}$ *une suite de variables aléatoires réelles bornées et d'espérance nulle. Posons* $\theta_n = 1 + 4(\varphi_1 + \cdots + \varphi_{n-1})$ *et* $M_i = \|X_i\|_\infty^2$. *Alors, pour tout entier* p,

$$(a) \qquad \mathbb{E}(S_n^{2p}) \leq \frac{(2p)!}{p!} \left(\frac{\theta_n}{2} \right)^p (M_1 + \cdots + M_n)^p.$$

Par conséquent, pour tout x *positif,*

$$(b) \qquad \mathbb{P}(|S_n| \geq x) \leq \sqrt{e} \exp\left(- x^2 / (2\theta_n M_1 + \cdots + 2\theta_n M_n) \right).$$

Preuve. Fixons n et appliquons le théorème 2.4. Notons d'abord que, puisque les variables X_k sont centrées, d'après (b) du théorème 1.4,

$$\|\mathbb{E}_i(X_k)\|_\infty \leq 2\varphi_{k-i}\|X_k\|_\infty$$

par dualité. Donc nous pouvons appliquer le théorème 2.4 avec

$$m_i = M_i + 4 \sum_{k=i+1}^{n} \sqrt{M_i M_k}\, \varphi_{k-i}.$$

en sommant sur i, nous obtenons alors

$$m_1 + \cdots + m_n \leq \sum_{i=1}^{n} M_i + 4 \sum_{1 \leq i < k \leq n} \sqrt{M_i M_k}\, \varphi_{k-i}$$

$$\leq \sum_{i=1}^{n} M_i + 2 \sum_{1 \leq i < k \leq n} (M_i + M_k)\varphi_{k-i} \leq \theta_n \sum_{i=1}^{n} M_i.$$

Le corollaire 2.1 résulte alors du théorème 2.4 via la majoration ci-dessus.

2.5. Nouvelles inégalités de moments.

Dans cette section, nous nous servons du théorème 2.3 pour établir des inégalités de moments de type Marcinkiewicz-Zygmund pour les suites fortement mélangeantes. Les coefficients de mélange sont définis dans cette section sous la forme affaiblie suivante: $\alpha_0 = 1/2$ et

$$(2.30) \qquad \alpha_n = \sup_{k \in \mathbb{Z}} \alpha(\mathcal{F}_k, X_{k+n}) \text{ pour } n > 0.$$

L'inégalité de moment obtenue est la suivante.

Théorème 2.5. *Soit $(X_i)_{i \in \mathbb{Z}}$ une suite stationnaire de v.a.r. d'espérance nulle et de moment d'ordre $2p$ fini. Posons $Q = Q_{X_0}$ et notons $(\alpha_n)_{n \geq 0}$ la suite de coefficients de mélange fort définie par (2.30). Alors, pour tout réel $p > 1$ et tout entier $n > 0$,*

$$(a) \qquad \mathbb{E}(|S_n|^{2p}) \leq (2np)^p \sup_{l \in [1,n]} \mathbb{E}\left(\left| X_0 \sum_{i=0}^{l-1} \mathbb{E}_0(X_i) \right|^p \right).$$

Par conséquent

$$(b) \qquad \mathbb{E}(|S_n|^{2p}) \leq (4np)^p \int_0^1 [\alpha^{-1}(u) \wedge n]^p Q^{2p}(u) du.$$

Remarque 2.2. L'inégalité (b) n'est pas optimale si les coefficients de mélange fort sont définis par (2.1). Nous obtiendrons dans la section 5.5 des inégalités de moment du même type sous des conditions plus faibles quand les coefficients sont définis par (2.1) à l'aide de techniques de couplage.

Preuve. Démontrons le théorème par récurrence sur n. Notre hypothèse de récurrence au rang n sera la suivante: Pour tout entier naturel $k \leq n$ et tout t dans $[0,1]$,

$$\mathbb{E}(|S_{k-1} + tX_k|^{2p}) \leq (4p)^p (k-1+t)^p \sup_{l \in [1,k]} \mathbb{E}\left(\left| X_0 \sum_{i=0}^{l-1} \mathbb{E}_0(X_i) \right|^p \right).$$

Pour $k \leq 4p$,

$$\|S_{k-1} + tX_k\|_{2p} \leq (k-1+t)\|X_0\|_{2p} \leq \sqrt{4p(k-1+t)}\,\|X_0\|_{2p}.$$

Donc l'hypothèse de récurrence est satisfaite au rang $[4p]$.

Soit $n > 4p$. Pour passer du rang $n-1$ au rang n, appliquons le théorème 2.3 avec $\psi(x) = |x|^{2p}$. Posons

$$h_n(t) = \mathbb{E}(|S_{n-1} + tX_n|^{2p}) \text{ et } \Gamma_n = \sup_{l \in [1,n]} \|X_0 \sum_{i=0}^{l-1} \mathbb{E}_0(X_i)\|_p.$$

Alors, d'après le théorème 2.3,

$$\frac{h_n(t)}{4p^2} \leq \sum_{i=1}^{n-1} \int_0^1 \mathbb{E}\left(|S_{i-1} + sX_i|^{2p-2} X_i \sum_{k=i}^{n} \mathbb{E}_i(X_k)\right) ds$$

$$+ \int_0^t \mathbb{E}(|S_{n-1} + sX_n|^{2p-2} X_n^2) ds.$$

Appliquons l'inégalité de Hölder avec pour exposants $p/(p-1)$ et p:

$$\mathbb{E}\left(|S_{i-1} + sX_i|^{2p-2} X_i \sum_{k=i}^{n} \mathbb{E}_i(X_k)\right) \leq (h_i(s))^{(p-1)/p} \|X_i \sum_{k=i}^{n} \mathbb{E}_i(X_k)\|_p.$$

Donc, par stationnarité,

$$h_n(t) \leq 4p^2 \Gamma_n \left(\sum_{i=1}^{n-1} \int_0^1 (h_i(s))^{(p-1)/p} ds + \int_0^t (h_n(s))^{(p-1)/p} ds\right).$$

Or, sous l'hypothèse de récurrence, pour tout $i \leq n-1$,

$$\int_0^1 (h_i(s))^{(p-1)/p} ds \leq (4p\Gamma_n)^{p-1} \int_0^1 (i-1+s)^{p-1} ds$$

$$\leq (4\Gamma_n)^{p-1} p^{p-2} (i^p - (i-1)^p).$$

Posons

$$g_n(s) = (4p(n-1+s)\Gamma_n)^p.$$

En réunissant les inégalités ci-dessus, nous obtenons:

$$h_n(t) \leq g_n(0) + 4p^2 \Gamma_n \int_0^t (h_n(s))^{(p-1)/p} ds.$$

Posons

$$H_n(t) = \int_0^t (h_n(s))^{(p-1)/p} ds.$$

L'inéquation différentielle intégrale ci-dessus s'écrit

$$H_n'(s)(g_n(0) + 4p^2 \Gamma_n H_n(s))^{-1+1/p} \leq 1.$$

En intégrant entre 0 et t, nous en déduisons que

$$(h_n(t))^{1/p} - (g_n(0))^{1/p} \leq 4pt\Gamma_n,$$

ce qui implique que $h_n \leq g_n$ sous l'hypothèse de récurrence. (a) est donc démontré.

Pour montrer (b), il suffit d'établir la majoration

$$\Gamma_n \leq \|(\alpha^{-1} \wedge n)Q^2\|_p.$$

Soit q l'exposant conjugué de p. Clairement

$$\Gamma_n \leq \|\sum_{i=0}^{n-1} |\mathbb{E}_0(X_i)||X_0\|_p.$$

Donc il existe une variable Y dans $L^q(\mathcal{F}_0)$ telle que $\|Y\|_q = 1$ et

$$\Gamma_n \leq \sum_{i=0}^{n-1} \mathbb{E}(|YX_0\mathbb{E}_0(X_i)|).$$

En appliquant (1.11c), nous en déduisons que

$$\Gamma_n \leq 2\sum_{i=0}^{n-1} \int_0^{\alpha_i} Q_{YX_0}(u)Q_{X_i}(u)du.$$

Enfin, d'après (b) du lemme 2.1,

$$\Gamma_n \leq 2\int_0^1 Q_Y(u)[\alpha^{-1}(u) \wedge n]Q^2(u)du,$$

et la majoration de Γ_n découle de cette inégalité via l'inégalité de Hölder sur $[0,1]$ appliquée aux fonctions Q_Y et $[\alpha^{-1} \wedge n]Q^2$. ∎

Pour conclure cette section, nous allons donner une inégalité exponentielle pour les suites géométriquement fortement mélangeantes. Le résultat obtenu est proche des inégalités exponentielles du théorème 6 dans Doukhan, León et Portal (1984).

Corollaire 2.2. *Soit $(X_i)_{i\in\mathbb{Z}}$ une suite de variables aléatoires réelles bornées par 1 et d'espérance nulle et $(\alpha_n)_{n\geq 0}$ la suite de coefficients de mélange fort définie par (2.30). Supposons qu'il existe $a < 1$ tel que $\limsup_{n\to\infty} \alpha_n^{1/n} < a$. Alors, il existe un réel x_0 positif tel que, pour tout $x \geq x_0$ et tout n positif*

$$\mathbb{P}\left(|S_n| \geq x\sqrt{n\log(1/a)}\right) \leq a^{x/2}.$$

Preuve. Il est facile de montrer que

$$\limsup_{p\to\infty} p^{-1}\|\alpha^{-1}Q^2\|_p < (-e\log a)^{-1}.$$

Donc il existe un réel p_0 tel que

$$\|S_n\|_{2p}^2 \leq 4np^2(-e \log a)^{-1}$$

pour $p \geq p_0$. En appliquant l'inégalité de Markov à S_n^{2p}, il vient alors:

$$\mathbb{P}\left(|S_n| \geq x\sqrt{n \log(1/a)}\right) \leq e^{-p}\left(\frac{-2p}{x \log a}\right)^{2p}.$$

On choisit alors $2p = -x \log a$. Pour ce choix de p, l'inégalité est satisfaite pourvu que $p \geq p_0$, ce qui correspond à $x \geq -(2p_0/\log a)$. ∎

EXERCICES

1) Soit $(X_i)_{i \in \mathbb{Z}}$ une suite de variables aléatoires réelles centrées, ayant un moment d'ordre quatre fini, et $(\alpha_n)_{n \geq 0}$ la suite des coefficients de mélange fort définie par (2.1).

a) Soient i, j, k, et l quatre entiers naturels rangés par ordre croissant. Montrer que

$$(1) \quad |\mathbb{E}(X_i X_j X_k X_l)| \leq 2\int_0^1 \mathbb{1}_{u < \alpha_{j-i}} \mathbb{1}_{u < \alpha_{l-k}} Q_i(u)Q_j(u)Q_k(u)Q_l(u)du.$$

b) Montrer que

$$\mathbb{E}(S_n^4) \leq 12 \sum_{1 \leq i \leq j \leq k \leq l \leq n} |\mathbb{E}(X_i X_j X_k X_l)|(1 + \mathbb{1}_{j < k}).$$

c) En déduire que

$$(2) \qquad \mathbb{E}(S_n^4) \leq 24 \sum_{j=1}^{n} \sum_{k=1}^{n} \int_0^1 [\alpha^{-1}(u) \wedge n]^2 Q_j^2(u)Q_k^2(u)du.$$

d) Si $\|X_k\|_\infty \leq 1$ pour tout k dans $[1,n]$, en déduire que

$$(3) \qquad \mathbb{E}(S_n^4) \leq 24n^2 \sum_{m=0}^{n-1} (2m+1)\alpha_m.$$

Comparer (3) avec (2.13) et (2.11).

3. INÉGALITÉS MAXIMALES ET LOIS FORTES

3.1. Introduction

Dans ce chapitre, nous étudions les extensions possibles des inégalités maximales classiques telles que les inégalités maximales de Kolmogorov ou de Doob aux suites fortement mélangeantes. Nous reprenons donc des arguments techniques classiques en les adaptant au contextes des suites fortement mélangeantes. Dans une première section nous montrons comment évaluer le moment d'ordre deux du maximum des sommes partielles et nous en déduisons un critère de convergence pour les séries de variables aléatoires fortement mélangeantes. Dans la section suivante, nous expliquons pourquoi ce type d'inégalités ne donne pas les bonnes vitesses de convergence dans les lois fortes des grands nombres et nous donnons d'autres inégalités dans lesquelles l'effet des interactions entre les variables très éloignées est minimisé. Nous en déduisons alors des extensions des résultats de Berbee (1987) sur les vitesses de convergence dans la loi forte des grands nombres pour les suites de variables aléatoires β-mélangeantes et bornées aux suites de variables fortement mélangeantes.

3.2. Une extension de l'inégalité maximale de Kolmogorov

Durant tout ce chapitre, $(X_i)_{i \in \mathbb{N}}$ est une suite de variables aléatoires réelles. Les coefficients de mélange fort de $(X_i)_{i \in \mathbb{N}}$ sont définis par (2.30). On pose

$$(3.1) \quad Q_{X_i} = Q_i, \ S_0 = 0, \ S_k = \sum_{i=1}^{k}(X_i - \mathbb{E}(X_i)) \ \text{ et } \ S_n^* = \sup_{k \in [0,n]} S_k.$$

Dans cette section nous établissons l'inégalité maximale suivante.

Théorème 3.1. *Soit $(X_i)_{i \in \mathbb{N}}$ une suite de variables aléatoires centrées et de variance finie. Soit λ un réel positif quelconque. Posons $p_k = \mathbb{P}(S_k^* > \lambda)$.*

Alors

$$\mathbb{E}((S_n^* - \lambda)_+^2) \leq 4 \sum_{i=1}^{n} \int_0^{p_i} Q_i(u)\Big(Q_i(u) + 4\sum_{k=i+1}^{n} Q_k(u)\,\mathbb{I}_{u<\alpha_{k-i}}\Big)du$$

(a)
$$\leq 16 \sum_{k=1}^{n} \int_0^{p_k} [\alpha^{-1}(u) \wedge n]Q_k^2(u)du,$$

où $x_+ = \sup(x,0)$. En particulier, pour $\lambda = 0$,

(b)
$$\mathbb{E}(S_n^{*2}) \leq 16 \sum_{k=1}^{n} \int_0^1 [\alpha^{-1}(u) \wedge n]Q_k^2(u)du.$$

En reprenant des arguments connus, nous pouvons déduire de l'inégalité maximale (b) un critère de convergence presque certaine de la série $\sum_{i>0} X_i$.

Corollaire 3.1. *Soit $(X_i)_{i\in\mathbb{N}}$ une suite de variables aléatoires centrées de variance finie. Alors la série $\sum_{i=1}^{\infty} X_i$ converge p.s. si la condition suivante est réalisée:*

(a)
$$\sum_{i=1}^{\infty} \int_0^1 \alpha^{-1}(u)Q_i^2(u)du < +\infty.$$

Une application du corollaire 3.1. Supposons que les variables X_i soient définies à partir d'une suite strictement stationnaire $(Z_i)_{i\in\mathbb{Z}}$ par $X_i = c_i Z_i$ et que la série $\sum_{i>0} c_i^2$ soit convergente. Alors la condition (a) du corollaire est satisfaite dès que Q_{Z_0} satisfait la condition (DMR).

Preuve du théorème 3.1. Nous reprenons un argument de sommes glissantes proche de celui de Garsia (1965):

(3.2)
$$(S_n^* - \lambda)_+^2 = \sum_{k=1}^{n}((S_k^* - \lambda)_+^2 - (S_{k-1}^* - \lambda)_+^2).$$

Comme la suite $(S_k^*)_{k\geq 0}$ est croissante, les quantités intervenant ci-dessus sont positives ou nulles. Le produit

$$((S_k^* - \lambda)_+ - (S_{k-1}^* - \lambda)_+)((S_k^* - \lambda)_+ + (S_{k-1}^* - \lambda)_+)$$

est strictement positif si et seulement si $S_k > \lambda$ et $S_k > S_{k-1}^*$, auquel cas $S_k = S_k^*$. Par conséquent

(3.3) $(S_k^* - \lambda)_+^2 - (S_{k-1}^* - \lambda)_+^2 \leq 2(S_k - \lambda)((S_k^* - \lambda)_+ - (S_{k-1}^* - \lambda)_+),$

ce qui implique que

$$(S_n^* - \lambda)_+^2 \le 2\sum_{k=1}^n (S_k - \lambda)(S_k^* - \lambda)_+ - 2\sum_{k=1}^n (S_k - \lambda)(S_{k-1}^* - \lambda)_+$$

$$(3.4) \qquad \le 2(S_n - \lambda)_+(S_n^* - \lambda)_+ - 2\sum_{k=1}^n (S_{k-1}^* - \lambda)_+ X_k.$$

Comme

$$(S_n - \lambda)_+(S_n^* - \lambda)_+ \le \frac{1}{4}(S_n^* - \lambda)_+^2 + (S_n - \lambda)_+^2,$$

nous en déduisons que

$$(3.5) \qquad (S_n^* - \lambda)_+^2 \le 4(S_n - \lambda)_+^2 - 4\sum_{k=1}^n (S_{k-1}^* - \lambda)_+ X_k.$$

Nous devons donc majorer $(S_n - \lambda)_+^2$. Adaptons la décomposition (3.2):

$$(S_n - \lambda)_+^2 = \sum_{k=1}^n ((S_k - \lambda)_+^2 - (S_{k-1} - \lambda)_+^2)$$

$$(3.6) \qquad = 2\sum_{k=1}^n (S_{k-1} - \lambda)_+ X_k + 2\sum_{k=1}^n X_k^2 \int_0^1 (1-t) \mathbb{1}_{S_{k-1}+tX_k>\lambda} dt.$$

En notant que $\mathbb{1}_{S_{k-1}+tX_k>\lambda} \le \mathbb{1}_{S_k^*>\lambda}$, nous en déduisons que

$$(S_n - \lambda)_+^2 \le 2\sum_{k=1}^n (S_{k-1} - \lambda)_+ X_k + \sum_{k=1}^n X_k^2 \mathbb{1}_{S_k^*>\lambda}.$$

De (3.5) et de cett inégalité nous tirons alors:

$$(3.7) \ (S_n^* - \lambda)_+^2 \le 4\sum_{k=1}^n (2(S_{k-1}-\lambda)_+ - (S_{k-1}^* - \lambda)_+) X_k + 4\sum_{k=1}^n X_k^2 \mathbb{1}_{S_k^*>\lambda}.$$

Posons $D_0 = 0$ et, pour k strictement positif,

$$D_k = 2(S_k - \lambda)_+ - (S_k^* - \lambda)_+.$$

Clairement

$$\text{Cov}(D_{k-1}, X_k) = \sum_{i=1}^{k-1} \text{Cov}(D_i - D_{i-1}, X_k).$$

Les variables $D_i - D_{i-1}$ sont mesurables pour $\mathcal{F}_i = \sigma(X_j : j \leq i)$ et par conséquent
(3.8)

$$\mathbb{E}((S_n^* - \lambda)_+^2) \leq 4 \sum_{k=1}^{n} \mathbb{E}(X_k^2 \mathbb{1}_{S_k^* > \lambda}) + 4 \sum_{i=1}^{n-1} \mathbb{E}\Big(\big|(D_i - D_{i-1}) \sum_{k=i+1}^{n} \mathbb{E}_i(X_k)\big|\Big).$$

Pour majorer $Q_{D_i - D_{i-1}}$, nous devons majorer $|D_i - D_{i-1}|$. Distinguons deux cas. Si $(S_i^* - \lambda)_+ = (S_{i-1}^* - \lambda)_+$, alors

$$|D_i - D_{i-1}| = 2|(S_i - \lambda)_+ - (S_{i-1} - \lambda)_+| \leq 2|X_i|\mathbb{1}_{S_i^* > \lambda},$$

car alors $D_i - D_{i-1}$ est nul tant que $S_i \leq \lambda$ et $S_{i-1} \leq \lambda$. Dans le cas contraire $S_i = S_i^* > \lambda$ et $S_{i-1} \leq S_{i-1}^* < S_i$, et donc

$$D_i - D_{i-1} = (S_i - \lambda)_+ + (S_{i-1}^* - \lambda)_+ - 2(S_{i-1} - \lambda)_+$$

est compris entre 0 et $2|(S_i - \lambda)_+ - (S_{i-1} - \lambda)_+|$. Dans tous les cas

$$|D_i - D_{i-1}| \leq 2|X_i|\mathbb{1}_{S_i^* > \lambda}.$$

Par conséquent
(3.9)

$$\mathbb{E}((S_n^* - \lambda)_+^2) \leq 4 \sum_{k=1}^{n} \mathbb{E}(X_k^2 \mathbb{1}_{S_k^* > \lambda}) + 8 \sum_{i=1}^{n-1} \mathbb{E}\Big(\mathbb{1}_{S_i^* > \lambda}|X_i \sum_{k=i+1}^{n} \mathbb{E}_i(X_k)|\Big).$$

D'après (1.11c) suivi du lemme 2.1

$$\mathbb{E}\Big(\mathbb{1}_{S_i^* > \lambda}|X_i\mathbb{E}_i(X_k)|\Big) \leq 2 \int_0^{\alpha_{k-i}} Q_i(u)Q_k(u)\mathbb{1}_{u < p_i}\,du$$
(3.10)
$$\leq \int_0^{\alpha_{k-i}} (Q_i^2(u)\mathbb{1}_{u < p_i} + Q_k^2(u)\mathbb{1}_{u < p_k})\,du,$$

par monotonie de la suite $(p_k)_{k>0}$. D'après (a) du lemme 2.1, nous avons aussi

$$\mathbb{E}(X_k^2 \mathbb{1}_{S_k^* > \lambda}) \leq \int_0^{p_k} Q_k^2(u)\,du.$$

L'inégalité (a) du théorème 3.1 découle alors de (3.9) et de (3.10) par re-sommation. ∎

3.3. Vitesses de convergence dans la loi forte des grands nombres

Soit p élément de $]1, 2[$ et $(X_i)_{i \in \mathbb{N}}$ une suite strictement stationnaire. Si nous voulons maintenant appliquer le théorème 3.1 à l'étude des vitesses de convergence dans la loi forte des grands nombres, nous allons obtenir la convergence p.s. de $n^{-1/p}S_n$ vers 0 sous la condition de mélange

$$\int_0^1 \alpha^{-1}(u)Q_{X_0}^p(u)du < \infty.$$

Cette condition ne peut être réalisée que si les coefficients de mélange sont en série sommable. Or, pour les suites de variables bornées et β-mélangeantes (les coefficients de β-mélange majorent ceux de α-mélange), Berbee (1987) a montré la convergence p.s. de $n^{-1/p}S_n$ vers 0 sous la condition

$$(BER) \qquad\qquad \sum_{i\geq 0}(i+1)^{p-2}\beta_i < \infty.$$

Cette hypothèse est plus faible qu'une hypothèse de convergence de la série des coefficients de β-mélange. La question qui se pose alors est d'étendre ce résultat aux suites fortement mélangeantes de variables aléatoires non bornées. Shao (1993) donne des résultats dans ce sens, mais les conditions de sommabilité sur les coefficients de mélange fort qu'il obtient ne redonnent pas le résultat de Berbee dans le cas borné. Dans cette section, nous donnons une inégalité maximale qui minimise l'effet des interactions entre les variables éloignées. Cette inégalité nous permet d'obtenir les bonnes vitesses de convergence sous des conditions de mélange fort minimales; voir Rio (1995a).

Théorème 3.2. *Soit $(X_i)_{i\in\mathbf{N}}$ une suite de variables aléatoires de variance finie. Alors, pour tout entier naturel p et tout x positif*

$$\mathbb{P}(S_n^* \geq 2x) \leq \frac{4}{x^2}\sum_{k=1}^n \int_0^1 [\alpha^{-1}(u)\wedge p]Q_k^2(u)du + \frac{4}{x}\sum_{k=1}^n \int_0^{\alpha_p} Q_k(u)du.$$

Avant de démontrer le théorème 3.2, nous allons en donner une application aux vitesses de convergence dans la loi forte des grands nombres.

Corollaire 3.1. *Soit $(X_i)_{i\in\mathbf{N}}$ une suite de variables aléatoires réelles intégrables. Posons $Q = \sup_{i>0} Q_i$.*
(i) Soit p dans $]1,2[$. Supposons que

$$(a) \qquad\qquad M_{p,\alpha}(Q) = \int_0^1 [\alpha^{-1}(u)]^{p-1}Q^p(u)du < +\infty.$$

Alors $n^{-1/p}S_n$ converge p.s. vers 0.
(ii) Supposons que Q satisfait la condition plus faible suivante:

$$(b) \qquad\qquad \int_0^1 Q(u)\log(1+\alpha^{-1}(u))du < \infty.$$

Alors $n^{-1}S_n$ converge p.s. vers 0.

Remarque 3.1. Notons X la variable positive ou nulle telle que $Q_X = Q$. Si la suite $(X_i)_{i \in \mathbb{N}}$ est m-dépendante, alors les conditions (a) et (b) sont équivalentes respectivement à $\mathbb{E}(X^p) < \infty$ et $\mathbb{E}(X) < \infty$.

Remarque 3.2. Nous renvoyons à l'annexe C pour une discussion détaillée des conditions (a) et (b). Notons que les conditions (a) et (b) sont respectivement équivalentes à la condition suivante avec respectivement p dans $]1, 2[$ et $p = 1$:

$$(3.11) \qquad \sum_{i \geq 0}(i + 1)^{p-2} \int_0^{\alpha_i} Q^p(u)\,du < \infty.$$

Pour les suites de variables bornées, (3.11) est équivalente à

$$\sum_{i \geq 0}(i + 1)^{p-2}\alpha_i < \infty.$$

Puisque $\alpha_i \leq \beta_i$, nous retrouvons bien le résultat de Berbee.

Nous avons montré l'optimalité de (i) pour les suites stationnaires dans Rio (1995a). Pour les suites stationnaires, la loi forte des grands nombres sous la condition $\mathbb{E}(X) < \infty$ résulte du théorème ergodique. Pour les suites non stationnaires, nous avons montré dans Rio (1995a) que la condition (b) n'est pas améliorable. En particulier, il est possible de construire des suites de variables identiquement distribuées avec des taux de mélange arithmétiques telles que la loi forte des grands nombres ne soit pas satisfaite dès que $\mathbb{E}(X \log(1 + X)) = \infty$.

Preuve du théorème 3.2. Quitte à diviser les variables par x, nous pouvons nous ramener à $x = 1$. Définissons la fonction g par $g(y) = y - 1$ pour y dans $[1, 2]$, $g(y) = 0$ pour $y \leq 1$ et $g(y) = 1$ sinon. Alors

$$\mathbb{P}(S_n^* \geq 2) \leq \mathbb{E}(g(S_n^*)) \leq \sum_{k=1}^n \mathbb{E}(g(S_k^*) - g(S_{k-1}^*)).$$

Soit f la fonction différentiable positive définie par $f(y) = y^2$ pour y dans $[0, 1]$, $f(y) = 2y - 1$ pour $y \geq 1$ et $f(y) = 0$ sinon. Comme g est croissante, $g(S_k^*) - g(S_{k-1}^*) \geq 0$. Si la quantité ci-dessus est strictement positive, alors $S_k > S_{k-1}^*$ et $S_k > 1$. Donc

$$g(S_k^*) - g(S_{k-1}^*) \leq (g(S_k^*) - g(S_{k-1}^*))(2S_k - 1).$$

Par conséquent

$$\mathbb{P}(S_n^* \geq 2) \leq \sum_{k=1}^n \mathbb{E}\Big((g(S_k^*) - g(S_{k-1}^*))(2S_k - 1)\Big)$$

$$\leq \mathbb{E}((2S_n - 1)g(S_n^*)) - 2\sum_{k=1}^{n} \text{Cov}(g(S_{k-1}^*), X_k)$$

$$(3.12) \qquad \leq \mathbb{E}(f(S_n)) - 2\sum_{k=1}^{n} \text{Cov}(g(S_{k-1}^*), X_k).$$

Comme la dérivée de f est 2-lipschitzienne,

$$\mathbb{E}(f(S_n)) = \sum_{k=1}^{n} \mathbb{E}(f(S_k) - f(S_{k-1}))$$

$$(3.13) \qquad \leq \sum_{k=1}^{n} \text{Var}\, X_k + \sum_{k=1}^{n} \text{Cov}(f'(S_{k-1}), X_k).$$

Posons

$$g_k(X_1, \ldots X_{k-1}) = \frac{1}{2} f'(S_{k-1}) - g(S_{k-1}^*).$$

Il résulte des inégalités précédentes que

$$(3.14) \qquad \mathbb{P}(S_n^* \geq 2) \leq \sum_{k=1}^{n} \text{Var}\, X_k + 2\sum_{k=1}^{n} \text{Cov}(g_k(X_1, \ldots X_{k-1}), X_k).$$

Comme les fonctions $\frac{1}{2}f'$ et g sont 1-lipschitziennes et croissantes coordonnée par coordonnée, la fonction g_k est une fonction 1-lipschitzienne en chacune des coordonnées. Pour $i \leq k-1$, posons

$$D'_{i,k} = g_k(X_1, \ldots, X_i, 0, \ldots, 0) - g_k(X_1, \ldots, X_{i-1}, 0, \ldots, 0).$$

Pour tout entier naturel p,

$$(3.15) \quad g_k(X_1, \ldots X_{k-1}) = g_k(X_1, \ldots, X_{(k-p)^+}, 0, \ldots, 0) + \sum_{i=(k-p)^++1}^{k-1} D'_{i,k},$$

le premier terme à droite étant nul si $p \geq k$. Comme g_k est à valeurs dans $[-1, 1]$ et comme le premier terme à droite dans (3.15) est mesurable pour la tribu $\sigma(X_i : i \leq k-p)$,

$$|\text{Cov}(g_k(X_1, \ldots, X_{(k-p)^+}, 0, \ldots, 0), X_k) \leq 2\int_0^{\alpha_p} Q_k(u)du$$

d'après (a) du théorème 1.1. Les variables $D'_{i,k}$ étant majorées par $|X_{i-k}|$ en valeur absolue et étant mesurables pour la tribu $\sigma(X_i : i \leq k-i)$,

$$|\text{Cov}(D'_{i,k}, X_k)| \leq 2\int_0^{\alpha_i} Q_{k-i}(u)Q_k(u)du \leq \int_0^{\alpha_i} (Q_{k-i}^2(u) + Q_k^2(u))du.$$

Il résulte de ces deux inégalités et de (3.15) que

$$|\operatorname{Cov}(g_k(X_1, \ldots X_{k-1}), X_k)| \le \sum_{i=1}^{p-1} \int_0^{\alpha_i} (Q_{k-i}^2(u) + Q_k^2(u)) du$$

$$(3.16) \qquad\qquad\qquad + 2 \int_0^{\alpha_p} Q_k(u) du.$$

Il suffit alors de majorer les termes de (3.14) à l'aide de (3.16) et de noter que

$$\operatorname{Var} X_k \le 2 \int_0^{\alpha_0} Q_k^2(u) du$$

pour obtenir le théorème 3.2. ∎

Preuve du corollaire 3.1. Ce corollaire est une conséquence de la proposition suivante appliquée successivement aux suites $(X_i)_{i \in \mathbb{N}}$ et $(-X_i)_{i \in \mathbb{N}}$ et du lemme de Borel-Cantelli. En effet, on montre aisément que les séries ci-dessous sont convergentes si et seulement si, pour tout ε strictement positif,

$$\sum_{N>0} \mathbb{P}(S_{2^N}^* > \varepsilon 2^{N/p}) < \infty,$$

ce qui implique alors la convergence presque sûre de $n^{-1/p} S_n^*$ vers 0 par monotonie de S_n^*.

Proposition 3.1. *Avec les notations du théorème 3.2, sous l'hypothèse (a) du corollaire 3.1, pour tout $\varepsilon > 0$,*

$$(a) \qquad\qquad \sum_{n>0} n^{-1} \mathbb{P}(S_n^* \ge \varepsilon n^{1/p}) < \infty.$$

Sous l'hypothèse (b) du corollaire 3.1, pour tout $\varepsilon > 0$,

$$(b) \qquad\qquad \sum_{n>0} n^{-1} \mathbb{P}(S_n^* \ge \varepsilon n) < \infty.$$

Preuve. Pour tout v dans $[0, 1]$, définissons les suites $(\bar{X}_i)_{i \in \mathbb{Z}}$ et $(\tilde{X}_i)_{i \in \mathbb{Z}}$ par

$$\bar{X}_i = (X_i \wedge Q(v)) \vee (-Q(v)) \quad \text{et} \quad \tilde{X}_i = X_i - \bar{X}_i.$$

Soit U une variable de loi uniforme sur $[0, 1]$. Comme $|X_i|$ a la même loi que $Q_i(U)$,

$$Q_{\bar{X}_i}(u) = Q_i(u) \wedge Q(v) \quad \text{and} \quad Q_{\tilde{X}_i}(u) = \sup(Q_i(u) - Q(v), 0).$$

Puisque $Q_i \leq Q$, il en résulte que

$$(3.17) \qquad |\mathbb{E}(\tilde{X}_i)| \leq \mathbb{E}(|\tilde{X}_i|) \leq \int_0^v (Q(u) - Q(v))du.$$

Soit $\bar{S}_k = \sum_{i=1}^k (\bar{X}_i - \mathbb{E}(\bar{X}_i))$ et $\bar{S}_n^* = \sup_{k \in [0,n]} \bar{S}_k$. Puisque

$$S_n^* \leq \bar{S}_n^* + \sum_{i=1}^n (|\tilde{X}_i| + |\mathbb{E}(\tilde{X}_i)|),$$

nous déduisons de (3.17) que

$$(3.18) \qquad n^{-1}\mathbb{P}(S_n^* \geq 5x) \leq n^{-1}\mathbb{P}(\bar{S}_n^* \geq 4x) + \frac{2}{x}\int_0^v (Q(u) - Q(v))du.$$

En appliquant le théorème 3.2 aux variables tronquées, nous obtenons:
$$(3.19)$$
$$n^{-1}\mathbb{P}(\bar{S}_n^* \geq 4x) \leq \frac{1}{x^2}\int_0^1 [\alpha^{-1}(u) \wedge p]Q^2(v \vee u)du + \frac{2}{x}\int_0^{\alpha_p} Q(v \vee u)du.$$

Le choix des paramètres p et v est alors fait pour équilibrer les deux termes de cette inégalité. Posons

$$(3.20) \qquad R(u) = \alpha^{-1}(u)Q(u).$$

Dans le cas mélangeant, R joue le même rôle que Q dans le cas indépendant. Nous choisirons donc v de telle sorte que $R(v)$ soit de l'ordre de $n^{1/p}$. Avant de choisir v, nous allons choisir une valeur de p qui équilibre les derniers termes de (3.19) et de (3.18). Nous prenons donc $p = \alpha^{-1}(v)$. Pour ce choix de p, $\alpha_p \leq v$. Par conséquent

$$\int_0^1 [\alpha^{-1}(u) \wedge p]Q^2(v \vee u)du \leq \int_0^1 R(v \vee u)Q(u)du.$$

Donc, pour ce choix de p, nous avons, d'après (3.18) et (3.19),

$$(3.21) \qquad n^{-1}\mathbb{P}(S_n^* \geq 5x) \leq \frac{2}{x}\int_0^v Q(u)du + \frac{1}{x^2}\int_0^1 R(v \vee u)Q(u)du.$$

Soit ε élément de $]0,1]$. Posons $x = x_n = \varepsilon n^{1/p}$ et choisissons $v = v_n = R^{-1}(n^{1/p})$ dans (3.21). Comme R est continue à droite et décroissante,

$$(3.22) \qquad (R(u) \leq n^{1/p}) \text{ si et seulement si } (u \geq v_n).$$

Par conséquent

$$\int_0^{v_n} R(v_n)Q(u)du \le n^{1/p} \int_0^{v_n} Q(u)du,$$

ce qui implique que
(3.23)

$$n^{-1}\mathbb{P}(S_n^* \ge 5x_n) \le 3\varepsilon^{-2}\left(n^{-1/p}\int_0^{v_n} Q(u)du + n^{-2/p}\int_{v_n}^1 R(u)Q(u)du\right).$$

Montrons (a). Soit p dans $]1,2[$. Posons $c_\varepsilon = \varepsilon^2/3$. En sommant (3.23) en n, nous obtenons:

$$c_\varepsilon \sum_{n>0} \frac{1}{n}\mathbb{P}(S_n^* \ge 5x_n) \le \int_0^1 Q(u)\sum_{n>0}\left(n^{-1/p}\mathbb{I}_{u<v_n} + n^{-2/p}R(u)\mathbb{I}_{u\ge v_n}\right)du,$$

où $x_n = \varepsilon n^{1/p}$. Mais, d'après (3.22), $(u < v_n)$ équivaut à $(n < R^p(u))$. Par conséquent

$$c_\varepsilon \sum_{n>0}\frac{1}{n}\mathbb{P}(S_n^* \ge 5x_n) \le$$

(3.24)
$$\int_0^1 Q(u)\sum_{n>0}\left(n^{-1/p}\mathbb{I}_{n<R^p(u)} + n^{-2/p}R(u)\mathbb{I}_{n\ge R^p(u)}\right)du.$$

Si p est dans $]1,2[$,

$$\sum_{0<n<R^p(u)} n^{-1/p} \le c_p R^{p-1}(u) \quad \text{et} \quad \sum_{n\ge R^p(u)\vee 1} n^{-2/p} \le C_p(R^{p-2}(u)\wedge 1),$$

et donc (3.24) entraîne que

$$\sum_{n>0}\frac{1}{n}\mathbb{P}(S_n^* \ge 5\varepsilon n^{1/p}) \le C\int_0^1 R^{p-1}(u)Q(u)du$$

pour une constante C ne dépendant que de p. (a) est donc établi.

Pour démontrer (b), il faut tronquer les variables une seconde fois. Pour tout i dans $[1,n]$, posons

$$Y_i = (X_i \wedge n)\vee(-n) \quad \text{et} \quad \tilde{Y}_i = X_i - Y_i.$$

Soit

$$T_n^* = \sup_{k\in[0,n]}\sum_{i=1}^k (Y_i - \mathbb{E}(Y_i)).$$

Comme

$$\sup_{i \in [1,n]} Q_{Y_i} \leq Q \wedge n,$$

il découle de (3.23) que
(3.25)

$$n^{-1} \mathbb{P}(T_n^* \geq 5\varepsilon n) \leq c_\varepsilon^{-1} \Big(n^{-1} \int_0^{v_n} (Q(u) \wedge n) du + n^{-2} \int_{v_n}^1 R(u) Q(u) du \Big).$$

Soit $\Gamma = \bigcup_{i=1}^n (X_i \neq Y_i)$. Pour tout $\omega \notin \Gamma$,

$$(3.26) \qquad\qquad S_n^*(\omega) \leq T_n^*(\omega) + \sum_{i=1}^n \mathbb{E}(|Y_i - X_i|).$$

Notons X la variable positive ou nulle telle que $Q_X = Q$.

$$\mathbb{P}(\Gamma) \leq \sum_{i=1}^n \mathbb{P}(|X_i| > n) \leq n \mathbb{P}(X > n)$$

et

$$\sum_{i=1}^n \mathbb{E}(|Y_i - X_i|) = \sum_{i=1}^n \int_n^\infty \mathbb{P}(|X_i| > u) du \leq n \mathbb{E}((X - n)_+).$$

Puisque $\mathbb{E}((X - n)_+) \leq \varepsilon$ pour n assez grand, il en résulte que, à partir d'un rang n_0,

$$n^{-1} \mathbb{P}(S_n^* \geq 6\varepsilon n) \leq \mathbb{P}(X > n)$$

$$(3.27) \qquad\qquad + c_\varepsilon^{-1} \Big(n^{-1} \int_0^{v_n} (Q(u) \wedge n) du + n^{-2} \int_{v_n}^1 R(u) Q(u) du \Big).$$

Soit

$$w_n = Q^{-1}(n) = \mathbb{P}(X > n).$$

Puisque $w_n \leq u < v_n$ si et seulement si $Q(u) \leq n < R(u)$,

$$n^{-1} \int_0^{v_n} (Q(u) \wedge n) du = \mathbb{P}(X > n) + n^{-1} \int_0^1 Q(u) \mathbb{I}_{Q(u) \leq n < R(u)} du.$$

Donc, à partir du rang n_0,

$$\frac{c_\varepsilon}{n} \mathbb{P}(S_n^* \geq 6\varepsilon n) \leq \mathbb{P}(X > n) +$$

$$(3.28) \qquad\qquad \int_0^1 Q(u) \Big(\frac{1}{n} \mathbb{I}_{Q(u) \leq n < R(u)} + \frac{R(u)}{n^2} \mathbb{I}_{n \geq R(u)} \Big) du.$$

Comme

$$\sum_{Q(u) \vee 1 \leq n < R(u)} n^{-1} \leq 1 + \log(1 + \alpha^{-1}(u))$$

et

$$\sum_{n \geq R(u) \vee 1} n^{-2} \leq 2(R(u) \vee 1)^{-1},$$

(b) de la proposition (3.1) découle alors de (3.28). ∎

EXERCICES

1) Soit $(X_i)_{i \in \mathbb{N}}$ une suite de variables aléatoires réelles intégrables. Soient $Q = \sup_{i > 0} Q_i$ et R la fonction décroissante continue à droite définie par (3.20).

a) Montrer que, pour tout $x > 0$,

$$(1) \quad n^{-1}\mathbb{P}(S_n^* \geq 5x) \leq \frac{3}{x} \int_0^{R^{-1}(x)} Q(u)du + \frac{1}{x^2} \int_{R^{-1}(x)}^1 R(u)Q(u)du.$$

Indication: appliquer l'inégalité (3.21).

b) Montrer que, pour p dans $]1, 2[$,

$$(2) \qquad \mathbb{E}(S_n^{*p}) = p5^p \int_0^\infty x^{p-1}\mathbb{P}(S_n^* \geq 5x)dx.$$

c) En déduire que

$$(3) \qquad \mathbb{E}(S_n^{*p}) \leq n5^p \frac{p(5 - 2p)}{(p-1)(2-p)} \int_0^1 [\alpha^{-1}(u)]^{p-1}Q^p(u)du.$$

Expliquer pourquoi (3) est encore vérifiée si l'on remplace $\alpha^{-1}(u)$ par $\alpha^{-1}(u) \wedge n$.

2) Soit $(X_i)_{i \in \mathbb{N}}$ une suite de v.a. réelles intégrables et centrées. On suppose de plus que, pour un réel $p > 2$ donné, $\mathbb{E}(|X_i|^p) < \infty$ pour tout entier positif i.

a) Soit S une variable aléatoire positive ou nulle. Montrer que

$$(4) \qquad 2\mathbb{E}(S^p) = p(p-1)(p-2) \int_0^\infty \mathbb{E}((S - \lambda)_+^2)\lambda^{p-3}d\lambda.$$

b) Posons $H(\lambda) = \mathbb{P}(S_n^* > \lambda)$. Montrer que

$$(5) \quad \mathbb{E}(S_n^{*p}) \leq 8p(p-1)(p-2)\sum_{k=1}^n \int_0^\infty \left(\int_0^{H(\lambda)} [\alpha^{-1}(u)\wedge n]Q_k^2(u)du\right)\lambda^{p-3}d\lambda.$$

c) En déduire que

$$(6) \qquad \mathbb{E}(S_n^{*p}) \leq 8p(p-1)\sum_{k=1}^n \int_0^1 [\alpha^{-1}(u) \wedge n]Q_k^2(u)Q_{S_n^*}^{p-2}(u)du.$$

Indication: appliquer le théorème de Fubini et noter que la fonction inverse de H est $Q_{S_n^*}$.

d) En appliquant l'inégalité de Hölder, montrer que

$$(7) \quad \mathbb{E}(S_n^{*p}) \leq [8p(p-1)]^{p/2} n^{(p-2)/2} \sum_{k=1}^n \int_0^1 [\alpha^{-1}(u) \wedge n]^{p/2} Q_k^p(u) du.$$

Comparer (7) avec les inégalités du chapitre deux et avec le corollaire 1 dans Yokoyama (1980).

3) **Une inégalité de Marcinkiewicz-Zygmund pour les martingales.** Soit $(X_i)_{i>0}$ une suite de variables aléatoires réelles intégrables centrées et $(\mathcal{F}_k)_{k\geq 0}$ la filtration naturelle associée, $\mathcal{F}_k = \sigma(X_i : i \leq k)$. On suppose que la suite $(S_k)_{k\geq 0}$ est une martingale relativement à la filtration $\mathcal{F}_k$. Soit $p > 2$. Montrer que si $\mathbb{E}(|X_i|^p) < \infty$ pour tout entier positif i, alors

$$(8) \qquad \mathbb{E}(S_n^{*p}) \leq [4p(p-1)]^{p/2} n^{(p-2)/2} \sum_{i=1}^n \mathbb{E}(|X_i|^p).$$

Indication: partir de (3.8) et reprendre la méthode de l'exercice 2.

4) **Une inégalité maximale de Serfling.** Dans cet exercice, nous nous proposons de retrouver une inégalité de Serfling (1970) dans un cas particulier. On se donne une suite de variables aléatoires réelles $(X_i)_{i \in \mathbb{N}}$ telle que, pour un réel $p > 2$ donné, on ait, pour tout couple d'entiers naturels (m, n) rangé par ordre croissant,

$$(9) \qquad \mathbb{E}((S_n - S_m)_+^p) \leq (n - m)^{p/2}.$$

On se propose de montrer l'existence d'une constante $K(p)$ telle que

$$(10) \qquad \mathbb{E}(S_n^{*p}) \leq K(p) n^{p/2},$$

ce qui est un cas particulier du théorème 2 dans Serfling (1970).

a) Soit

$$\varphi(N) = \sup_{k \geq 0} \| \sup_{i \in [0, 2^N]} S_{k2^N + i} - S_{k2^N} \|_p.$$

Montrer que, pour tout entier $N > 0$,

$$(11) \qquad \varphi(N) \leq \sup_{k \geq 0} \|(S_{(k+1/2)2^N} - S_{k2^N})_+\|_p + 2^{1/p} \varphi(N - 1).$$

b) En déduire que

$$\varphi(N) \leq (2^{1/2} - 2^{1/p})^{-1} 2^{N/2},$$

et ensuite que (10) est vérifiée avec $K(p) = (1 - 2^{\frac{1}{p} - \frac{1}{2}})^{-p}$. Donner un équivalent de $K(p)$ quand p tend vers 2. Comparer (10) avec les inégalités maximales de Kolmogorov pour les martingales.

4. LE THÉORÈME LIMITE CENTRAL

4.1. Introduction

Dans ce chapitre, nous étudions le comportement en loi des sommes partielles normalisées associées à une suite fortement mélangeante et stationnaire. Nous y présentons donc l'extension du théorème limite central (TLC en abrégé) d'Ibragimov (1962) obtenue dans Doukhan, Massart et Rio (1994). Nous reprenons ici essentiellement les résultats de cet article. Nous reprenons ici l'approche d'Ibragimov et Linnik (1971) et de Hall et Heyde (1980) fondée sur l'application du théorème d'approximation par une martingale de Gordin (1969).

4.2. Un TLC pour les suites stationnaires et mélangeantes

Dans cette section, en partant des inégalités de covariance de la section 1.3, nous établissons un TLC pour les suites stationnaires et fortement mélangeantes sous la condition (DMR) du corollaire 1.2. La démonstration est fondée sur le théorème 5.2 dans Hall et Heyde (1980) qui est un corollaire du théorème sur l'approximation par une martingale de Gordin (1969, 1973). Nous donnons donc d'abord l'énoncé du théorème 5.2 de Hall et Heyde (1980).

Théorème 4.1. *Soit* $(X_i)_{i \in \mathbb{Z}}$ *une suite stationnaire et ergodique de variables aléatoires réelles de carré intégrable. Posons*

$$S_n = \sum_{i=1}^{n} (X_i - \mathbb{E}(X_i))$$

et $\mathcal{F}_0 = \sigma(X_i : i \leq 0)$. *Si, pour chaque* n *positif ou nul*

$$(a) \qquad \sum_{k>0} \mathrm{Cov}(\mathbb{E}(X_n \mid \mathcal{F}_0), X_k) \quad converge$$

et si

(b) $$\lim_{n \to +\infty} \sup_{K>0} \left| \sum_{k \geq K} \mathrm{Cov}(\mathbb{E}(X_n \mid \mathcal{F}_0), X_k) \right| = 0,$$

alors $n^{-1} \mathrm{Var}\, S_n$ converge vers une quantité finie σ^2, et $n^{-1/2} S_n$ converge en loi vers une loi normale $N(0, \sigma^2)$.

De ce théorème et de l'inégalité (a) du théorème 1.1 nous allons déduire le TLC suivant.

Théorème 4.2. *Soit $(X_i)_{i \in \mathbb{Z}}$ une suite de variables aléatoires réelles strictement stationnaire et ergodique, satisfaisant la condition (DMR) du corollaire 1.2 pour les coefficients de mélange fort définis par (2.30). Alors $n^{-1} \mathrm{Var}\, S_n$ converge vers une quantité finie σ^2 et $n^{-1/2} S_n$ converge en loi vers une loi normale $N(0, \sigma^2)$.*

Remarque 4.1. D'après le lemme 1.1, σ^2 est égal à la somme de la série des covariances du lemme 1.1. Notons aussi que le théorème 3.2 implique l'équiintégrabilité de la suite $(n^{-1} S_n^2)_{n>0}$, d'après le théorème 5.4 dans Billingsley (1968).

Si les coefficients de mélange fort $(\alpha_n)_{n \geq 0}$ sont définis par (2.1), alors la convergence vers 0 de ces coefficients entraîne l'ergodicité de la suite et l'hypothèse d'ergodicité devient superflue. Quand les coefficients sont définis par (2.30), l'hypothèse d'ergodicité est indispensable pour obtenir une limite gaussienne, comme le montre l'exercice 1. Nous montrerons l'optimalité de la condition DMR dans la section 9.7. pour des taux de mélange arithmétiques. Dans un travail récent, Bradley (1997) montre l'optimalité du théorème 4.2 pour des taux de mélange arbitraires.

Preuve. (a) et (b) seront montrés si l'on montre la convergence absolue de la série de (a) et le renforcement suivant de (b):

(4.1) $$\lim_{n \to +\infty} \sum_{k>0} |\mathrm{Cov}(\mathbb{E}(X_n \mid \mathcal{F}_0), X_k)| = 0.$$

Nous allons majorer la série ci-dessus terme à terme au moyen du théorème 1.1. Posons

(4.2) $$X_n^0 = \mathbb{E}(X_n \mid \mathcal{F}_0).$$

La variable X_n^0 est $\mathcal{F}_0$-mesurable, et donc

(4.3) $$|\mathrm{Cov}(\mathbb{E}(X_n \mid \mathcal{F}_0), X_k)| \leq 2 \int_0^{\alpha_k} Q_{X_n^0}(u) Q_{X_k}(u) du.$$

Soit δ une variable aléatoire de loi uniforme sur $[0,1]$, indépendante de $(X_i)_{i \in \mathbb{Z}}$. Alors (voir définitions 1.1 et exercice 1, chap. 1) la variable

$$U_n^0 = H_{X_n^0}(|X_n^0|) + \delta(H_{X_n^0}(|X_n^0| - 0) - H_{X_n^0}(|X_n^0|))$$

suit la loi uniforme sur $[0,1]$ et $Q_{X_n^0}(U_n^0) = |X_n^0|$ p.s. Notons ε_n^0 le signe de X_n^0. Nous pouvons réécrire le majorant de (4.3) ainsi:

$$(4.4) \qquad \int_0^{\alpha_k} Q_{X_n^0}(u) Q_{X_k}(u) du = \mathbb{E}(X_n^0 \varepsilon_n^0 Q_{X_k}(U_n^0) \mathbb{1}_{U_n^0 \le \alpha_k}).$$

Or, comme δ est indépendante de $(X_i)_{i \in \mathbb{Z}}$,

$$X_n^0 = \mathbb{E}(X_n \mid \sigma(\delta) \vee \mathcal{F}_0).$$

Donc

$$\int_0^{\alpha_k} Q_{X_n^0}(u) Q_{X_k}(u) du = \mathbb{E}(X_n \varepsilon_n^0 Q_{X_k}(U_n^0) \mathbb{1}_{U_n^0 \le \alpha_k}),$$

ce qui assure que

$$(4.5) \qquad \int_0^{\alpha_k} Q_{X_n^0}(u) Q_{X_k}(u) du \le \mathbb{E}(|X_n| Q_{X_k}(U_n^0) \mathbb{1}_{U_n^0 \le \alpha_k}).$$

L'inégalité (4.5) et (a) du lemme 2.1 impliquent alors que

$$(4.6) \qquad \int_0^{\alpha_k} Q_{X_n^0}(u) Q_{X_k}(u) du \le \int_0^{\alpha_k} Q_{X_n}(u) Q_{X_k}(u) du$$

et, par conséquent, en appliquant (4.3) et la stationnarité de la suite,

$$(4.7) \qquad |\operatorname{Cov}(X_n^0, X_k)| \le 2 \int_0^{\alpha_k} Q_{X_0}^2(u) du.$$

Mais, par définition de l'espérance conditionnelle,

$$(4.8) \qquad \operatorname{Cov}(X_n^0, X_k) = \operatorname{Cov}(X_n^0, X_k^0) = \operatorname{Cov}(X_k^0, X_n)$$

et donc, en permutant k et n dans (4.7),

$$(4.9) \qquad |\operatorname{Cov}(X_n^0, X_k)| \le 2 \int_0^{\alpha_k} Q_{X_0}^2(u) \mathbb{1}_{u \le \alpha_n} du.$$

Donc la série est absolument convergente pour chaque $n \ge 0$ et le théorème de convergence dominée entraîne (4.1). ∎

4.3. Sur le théorème limite central fonctionnel de Donsker

Nous nous proposons ici de donner une extension du TLC fonctionnel de Donsker aux suites de variables aléatoires stationnaires et fortement mélangeantes satisfaisant la condition (DMR). Nous renvoyons le lecteur aux sections 9 et 10 du livre de Billingsley (1968) pour la définition de la mesure de Wiener et pour le TLC fonctionnel de Donsker pour les suites de variables aléatoires indépendantes et à sa section 14 pour la convergence faible dans l'espace de Skorohod $D([0,1])$.

Le théorème suivant améliore les TLC fonctionnels de Oodaira et Yoshihara (1972) et de Herrndorf (1985) obtenus respectivement sous la condition (IBR) et sous la condition (HER) mentionnées dans le chapitre un.

Théorème 4.3. *Soit W la mesure de Wiener standard sur $[0,1]$ et $(X_i)_{i \in \mathbb{Z}}$ une suite de variables aléatoires réelles centrées, strictement stationnaire et satisfaisant la condition (DMR) du corollaire 1.2 pour les coefficients de mélange fort définis par (2.1). Soit $\{Z_n(t) : t \in [0,1]\}$ le processus défini par $Z_n(t) = n^{-1/2} \sum_{i=1}^{[nt]} X_i$, les crochets désignant la partie entière. Alors $n^{-1} \operatorname{Var} S_n$ converge vers une quantité finie σ^2 et Z_n converge en distribution vers la mesure σW dans l'espace de Skorohod $D([0,1])$.*

Preuve. Nous laissons au lecteur le soin de montrer que la convergence vers 0 des coefficients de mélange fort définis par (2.1) assure l'indépendance asymptotique de accroissements du processus Z_n: la preuve est similaire à celle de Billingsley (1968) section 20. L'indépendance asymptotique des accroissements de Z_n et le théorème 4.1 entraînent alors la convergence des lois marginales de dimension finie de Z_n vers celles de σW. Il nous reste à établir la tension du processus Z_n. D'après le critère de tension de Prohorov (voir Billingsley (1968) section 8, théorèmes 8.2 et 8.4.), la tension de Z_n pour les suites strictement stationnaires est une conséquence de la proposition suivante appliquée successivement aux suites $(X_i)_{i \in \mathbb{Z}}$ et $(-X_i)_{i \in \mathbb{Z}}$.

Proposition 4.1. *Soit $(X_i)_{i \in \mathbb{Z}}$ une suite de variables aléatoires réelles centrées, strictement stationnaire et satisfaisant la condition (DMR) du corollaire 1.2 pour les coefficients de mélange fort définis par (2.30). Posons $S_n^* = \sup_{k \in [0,n]} S_k$. Alors la suite $(n^{-1} S_n^{*2})_{n>0}$ est équiintégrable.*

Preuve. Soit $Q = Q_{X_0}$. La proposition 4.1 est équivalente à

$$(4.10) \qquad \lim_{A \to +\infty} \sup_{n>0} n^{-1} \mathbb{E}\big((S_n^* - A\sqrt{n})_+^2\big) = 0.$$

En appliquant (a) du théorème 3.1, il vient:

$$n^{-1} \mathbb{E}\big((S_n^* - A\sqrt{n})_+^2\big) \leq 16 \int_0^{p_n} \alpha^{-1}(u) Q^2(u) du,$$

où $p_n = \mathbb{P}(S_n^* > A\sqrt{n})$. Mais, d'après (b) du théorème 3.1 suivi de l'inégalité de Bienaymé, $p_n \leq C/A^2$, et donc

$$\sup_{n>0} n^{-1} \mathbb{E}\big((S_n^* - A\sqrt{n})_+^2\big) \leq 16 \int_0^{C/A^2} \alpha^{-1}(u) Q^2(u) du,$$

ce qui établit (4.10). ■

EXERCICES

1) **Une loi limite non gaussienne.** Soit $(\varepsilon_i)_{i \in \mathbb{Z}}$ une suite de variables aléatoires gaussiennes indépendantes de loi $N(0,1)$ et $V = (a,b)$ une variable aléatoire à valeurs dans le cercle unité de $\mathbb{R}^2$, indépendante de la suite $(\varepsilon_i)_{i \in \mathbb{Z}}$. On pose $X_i = a\varepsilon_{i-1} + b\varepsilon_i$.

a) Montrer que les coefficients de mélange fort $(\alpha_k)_{k \geq 0}$ définis par (2.30) satisfont $\alpha_k = 0$ pour tout $k \geq 2$.

b) Montrer que $n^{-1/2}S_n$ converge en loi vers $(a+b)Y$, où Y est une variable aléatoire de loi $N(0,1)$ indépendante de $V = (a,b)$. Donner une condition nécessaire et suffisante sur V pour que la limite soit gaussienne.

Problème.   - *Agrégation de mathématiques 1994* - Le propos de ce problème est de donner une autre preuve du théorème limite central pour les suites stationnaires fortement mélangeantes, due à Bolthausen (1982a) et fondée sur la méthode de Stein (1972). Dans la suite du problème, $(X_i)_{i \in \mathbb{Z}}$ est une suite de variables aléatoires réelles centrées satisfaisant la condition (DMR) pour les coefficients de mélange fort $(\alpha_n)_{n \geq 0}$ définis par (2.1). On suppose que

$$\sigma^2 = \sum_{i \in \mathbb{Z}} \mathrm{Cov}(X_0, X_i) > 0.$$

A

Soit $(\nu_n)_{n > 0}$ une suite de mesures de probabilité sur $\mathbb{R}$ telle que les quantités

$$\int_{\mathbb{R}} x^2 d\nu_n(x)$$

soient majorées par une borne K indépendante de n. On suppose en outre que, pour tout réel λ,

(1) $$\lim_{n \to \infty} \int_{\mathbb{R}} (i\lambda - x)\exp(i\lambda x)d\nu_n(x) = 0.$$

1) Montrer que si la suite $(\nu_n)_{n > 0}$ converge faiblement vers une mesure de probabilité ν, alors ν est égale à la loi normale centrée réduite.

2) En déduire que la suite $(\nu_n)_{n > 0}$ converge faiblement vers la loi normale centrée réduite. Indication: utiliser le critère de tension usuel pour les lois sur $\mathbb{R}$.

B

On suppose pour toute la partie B que $\|X_0\|_\infty = M < \infty$. Soit $(m_n)_{n>0}$ une suite d'entiers positifs tendant vers l'infini, telle que $m_n \leq n/2$ pour tout $n > 0$. On pose

$$D_n = \{(l,j) \in [1,n]^2 : |j - l| \leq m_n\},$$

puis

$$D_n(j) = \{l \in [1,n] : |j - l| \leq m_n\}$$

pour tout j dans $[1,n]$. Soit

$$V_n = \sum_{(l,j)\in D_n} \mathrm{Cov}(X_j, X_l).$$

1) Montrer que la suite $(V_n/n)_{n>0}$ converge vers σ^2.

Jusqu'à la fin de la partie B, on suppose n assez grand pour que V_n soit positif et on pose, pour l dans $\mathbb{Z}$,

$$Y_{l,n} = V_n^{-1/2} X_l, \quad T_n(j) = \sum_{l\in D_n(j)} Y_{l,n} \quad \text{et} \quad T_n = \sum_{l=1}^{n} Y_{l,n}.$$

On se donne enfin un réel arbitraire λ.

2) Vérifier la validité de la décomposition suivante:

$$\mathbb{E}((i\lambda - T_n)\exp(i\lambda T_n)) = i\lambda\mathbb{E}(\exp(i\lambda T_n)A_n) - \mathbb{E}(\exp(i\lambda T_n)B_n) - \mathbb{E}(C_n)$$

où

$$A_n = 1 - \sum_{j=1}^{n} T_n(j)Y_{j,n},$$

$$B_n = \sum_{j=1}^{n} Y_{j,n}(1 - \exp(i\lambda T_n(j)) - i\lambda T_n(j))$$

et

$$C_n = \sum_{j=1}^{n} Y_{j,n}\exp(i\lambda T_n - i\lambda T_n(j)).$$

3a) Montrer que

$$|\exp(i\lambda x) - i\lambda x - 1| \leq (\lambda x)^2/2$$

pour tout x dans $\mathbb{R}$.

3b) En déduire l'existence d'une constante K_1 telle que

$$\mathbb{E}(|B_n|) \le K_1 n^{-1/2} m_n$$

pour tout n assez grand

3c) Montrer l'existence d'une constante K_2 telle que

$$|\mathbb{E}(C_n)| \le K_2 n^{1/2} \alpha_{m_n}$$

pour tout n assez grand .

4) Soit m un entier naturel et (j, l, j', l') un entier de $\mathbb{Z}^4$ tel que $|j-l| \le m$ et $|j' - l'| \le m$.

a) Si $|j - j'| \ge 2m$, montrer que

$$|\operatorname{Cov}(X_j X_l, X_{j'} X_{l'})| \le 2M^4 \alpha_{|j-j'|-2m}.$$

b) Si $k = \min(|j - j'|, |j - l|, |j - l'|)$, montrer que

$$|\operatorname{Cov}(X_j X_l, X_{j'} X_{l'})| \le 4M^4 \alpha_k.$$

5) Montrer que A_n est d'espérance nulle. Montrer enfin l'existence d'une constante K_3 telle que

$$\mathbb{E}(A_n^2) \le K_3 n^{-1} m_n^2$$

pour tout n assez grand .

6a) En notant que la suite $(m\alpha_m)_{m>0}$ converge vers 0, montrer l'existence d'une suite d'entiers $(m_n)_{n>0}$ telle que

$$\lim_{n \to \infty} n^{1/2} \alpha_{m_n} = \lim_{n \to \infty} n^{-1/2} m_n = 0.$$

6b) En déduire que $n^{-1/2} S_n$ converge en loi vers la loi $N(0, \sigma^2)$.

C

Soit M un réel positif quelconque et

$$f_M(x) = x \, \mathbb{1}_{|x| \le M}.$$

On note $H(x) = \mathbb{P}(|X_0| > x)$ et Q l'inverse continue à droite de H. On pose

$$Z_n = n^{-1/2} \sum_{j=1}^n X_j, \quad \bar{Z}_{n,M} = n^{-1/2} \sum_{j=1}^n (f_M(X_j) - \mathbb{E}(f_M(X_j)))$$

et

$$\tilde{Z}_{n,M} = Z_n - \bar{Z}_{n,M}.$$

1) Etablir la majoration

$$\mathbb{E}(\tilde{Z}_{n,M}^2) \leq 4 \int_0^{H(M)} \alpha^{-1}(u) Q^2(u) du.$$

2a) Montrer l'absolue convergence de la série

$$\sum_{k \in \mathbb{Z}} \mathrm{Cov}(f_M(X_0), f_M(X_k)).$$

2b) Soit $\sigma^2(M)$ la somme de cette série. Montrer que $\sigma^2(M)$ converge vers σ^2 quand M tend vers l'infini.

2c) Conclure.

2) un TLC pour les suites β-mélangeantes. On considère une suite $(X_i)_{i \in \mathbb{Z}}$ stationnaire de variables à valeurs dans un espace polonais $\mathcal{X}$, de loi commune P. On suppose que la suite des coefficients de mélange fort définie par (2.1) est sommable et que la suite $(\beta_i)_{i \geq 0}$ du corollaire 1.4 est sommable. Soit B la fonction positive du corollaire 1.4 et $Q = BP$.

a) Montrer, que pour toute fonction g dans $L^2(Q)$, la série

$$\sum \mathrm{Cov}(g(X_0), g(X_t))$$

est absolument convergente et donner un majorant de sa somme $\sigma^2(g)$.

b) En reprenant la partie C du problème, montrer que

$$Z_n(g) = n^{-1/2}(S_n(g) - \mathbb{E}(S_n(g)))$$

converge en loi vers $N(0, \sigma^2(g))$.

5. COUPLAGE ET MÉLANGE

5.1. Introduction

Une des techniques les plus populaires pour obtenir des théorèmes limites pour les processus mélangeants est de coupler la suite initiale avec une suite de variables possédant des propriétés d'indépendance. Dans ce chapitre, nous donnons des théorèmes de couplage qui permettent de remplacer des variables initiales vérifiant une contrainte de mélange par des variables de lois marginales identiques indépendantes entre elles. Le coût de la substitution est alors facturé en fonction du type de condition de mélange utilisé. Nous donnerons ici des résultats pour le mélange fort et le β-mélange.

Pour les couples de variables satisfaisant une contrainte de β-mélange, les variables indépendantes couplées aux variables initiales sont égales à celles-ci avec forte probabilité, comme le montre le lemme de couplage de Berbee (1979) ou de Goldstein (1979). Ce n'est plus le cas sous une contrainte de mélange fort. Cependant, pour les variables aléatoires réelles ce problème peut être contourné comme nous le verrons dans la section 5.2. Nous rappelons le lemme de couplage de Berbee dans la section 5.3. Nous comparerons les résultats de la section 5.2 aux résultats antérieurs dans la section 5.4. Enfin, nous donnons une caractérisation des suites absolument régulières à partir de la notion de couplage maximal de Griffeath (1975) en fin de chapitre.

5.2. Un lemme de couplage pour les variables aléatoires réelles

Rappelons en premier le lemme de couplage de Berbee (1979) pour les variables vérifiant une condition de β-mélange. Nous montrerons ce lemme dans la section 5.3.

Lemme 5.1. *Soit $\mathcal{A}$ une sous-tribu de $(\Omega, \mathcal{T}, \mathbb{P})$ et X une variable aléatoire à valeurs dans un espace polonais. Soit δ une variable de loi uniforme sur*

[0, 1], *indépendante de la tribu engendrée par X et $\mathcal{A}$. Alors il existe une variable aléatoire X^*, mesurable pour la tribu $\mathcal{A} \vee \sigma(X) \vee \sigma(\delta)$, indépendante de $\mathcal{A}$ et de même loi que X, telle que*

$$\mathbb{P}(X \neq X^*) = \beta(\mathcal{A}, \sigma(X)).$$

Quand X est une variable aléatoire réelle prenant ses valeurs dans un intervalle compact $[a, b]$, le lemme 5.1 montre que

$$(5.1) \qquad \mathbb{E}(|X - X^*|) \leq (b - a)\beta(\mathcal{A}, \sigma(X)).$$

Nous allons montrer que l'inégalité (5.1) est encore valide si l'on remplace le coefficient de β-mélange par le coefficient de dépendance défini par (1.8b).

Lemme 5.2. *Soit $\mathcal{A}$ une sous tribu de $(\Omega, \mathcal{T}, \mathbb{P})$ et X une variable aléatoire réelle, prenant ses valeurs dans un intervalle compact $[a, b]$. Soit δ une variable de loi uniforme sur $[0, 1]$, indépendante de la tribu engendrée par X et $\mathcal{A}$. Alors il existe une variable aléatoire X^*, mesurable pour la tribu $\mathcal{A} \vee \sigma(X) \vee \sigma(\delta)$, indépendante de $\mathcal{A}$ et de même loi que X, telle que*

$$\mathbb{E}(|X - X^*|) \leq (b - a)\alpha(\mathcal{A}, X).$$

Preuve. Nous allons définir X^* à partir de X à l'aide de la transformation par quantile conditionnelle. Le choix de cette transformation est dû au fait qu'elle minimise la distance entre X et X^* dans $L^1(\mathbb{R})$; nous renvoyons à Major (1978) pour les propriétés de cette transformation.

Soit F la fonction de répartition de X, et $F_{\mathcal{A}}$ la fonction de répartition de X conditionnelle à $\mathcal{A}$, qui est définie par $F_{\mathcal{A}}(t) = \mathbb{P}(X \leq t \mid \mathcal{A})$. Comme δ est indépendante de $\mathcal{A} \vee \sigma(X)$ et a la loi uniforme sur $[0, 1]$,

$$(5.2) \qquad V = F_{\mathcal{A}}(X - 0) + \delta(F_{\mathcal{A}}(X) - F_{\mathcal{A}}(X - 0))$$

a pour loi conditionnelle à $\mathcal{A}$ la loi uniforme sur $[0, 1]$ (voir annexe F). Par conséquent V est indépendante de $\mathcal{A}$ et suit la loi uniforme sur $[0, 1]$. Il en découle que

$$(5.3) \qquad X^* = F^{-1}(V)$$

est indépendante de $\mathcal{A}$ et a la même distribution que X. De plus (voir exercice 1, chapitre un),

$$(5.4) \qquad X = F_{\mathcal{A}}^{-1}(V) \quad \text{p.s.}$$

Donc

$$(5.5) \qquad \mathbb{E}(|X - X^*|) = \mathbb{E}\left(\int_0^1 |F_{\mathcal{A}}^{-1}(v) - F^{-1}(v)| dv\right).$$

Puisque X prend ses valeurs dans $[a, b]$,

$$\int_0^1 |F_A^{-1}(v) - F^{-1}(v)|dv = \int_a^b |F_A(t) - F(t)|dt,$$

et donc, en appliquant le théorème de Fubini,

$$(5.6) \qquad \mathbb{E}(|X - X^*|) = \int_a^b \mathbb{E}(|F_A(t) - F(t)|)dt.$$

Fixons t. D'après (1.10c),

$$(5.7) \qquad \mathbb{E}(|F_A(t) - F(t)|) \leq \alpha(A, X),$$

ce qui, avec (5.6) implique le lemme 5.2. ∎

5.3. Le lemme de couplage de Berbee.

Dans cette section, nous allons donner une preuve constructive du lemme de couplage de Berbee. Nous verrons dans la section 5.4 que la construction proposée donne encore des résultats sous des conditions de mélange fort, pourvu que l'on utilise convenablement un lemme de comparaison entre les coefficients de β-mélange et de mélange fort entre une tribu quelconque et une algèbre de Boole ayant un nombre fini d'atomes

Preuve du lemme 5.1. Soit X^* une variable de même loi que X, indépendante de A. Alors, pour tout couple $(A_i)_{i \in I}$ et $(B_j)_{j \in J}$ de partitions finies de Ω et de $\mathcal{X}$ constituées respectivement d'éléments de A et de boréliens de $\mathcal{X}$,

$$\sum_{i \in I} \sum_{j \in J} |\operatorname{Cov}(\mathbb{1}_{A_i}, \mathbb{1}_{X \in B_j})|$$
$$= \sum_{i \in I} \sum_{j \in J} |\mathbb{P}(A_i \cap (X \in B_j)) - \mathbb{P}(A_i \cap (X^* \in B_j))|$$
$$\leq \sum_{i \in I} \mathbb{E}(\mathbb{1}_{A_i} \sum_{j \in J} |\mathbb{1}_{X \in B_j} - \mathbb{1}_{X^* \in B_j}|).$$

Mais

$$\sum_{j \in J} |\mathbb{1}_{X \in B_j} - \mathbb{1}_{X^* \in B_j}| \leq 2\mathbb{1}_{X \neq X^*}.$$

Par conséquent

$$(5.8) \qquad \frac{1}{2} \sum_{i \in I} \sum_{j \in J} |\operatorname{Cov}(\mathbb{1}_{A_i}, \mathbb{1}_{X \in B_j})| \leq \mathbb{P}(X \neq X^*),$$

et donc, d'après (1.58), $\mathbb{P}(X \neq X^*) \geq \beta(\mathcal{A}, \sigma(X))$.

Montrons la réciproque. Grâce au lemme E.1 annexe E, on peut se ramener à une variable X à valeurs dans $[0, 1]$ muni de sa tribu borélienne $\mathcal{B}$. Nous allons d'abord construire les variables sur l'espace $\Omega \times [0, 1] \times [0, 1]$ muni de la tribu $\mathcal{A} \otimes \mathcal{B} \otimes \mathcal{B}$. Nous nous ramènerons ensuite à l'espace initial au moyen du lemme E.2, annnexe E.

Reprenons les notations de la preuve du lemme 5.2. Nous devons donc construire une probabilité sur l'espace produit ci-dessus telle que, si Y désigne la seconde projection et Y^* la troisième projection, alors

$$(5.9) \quad \mathbb{P}(Y \leq t \mid \mathcal{A}) = F_{\mathcal{A}}(t), \quad \mathbb{P}(Y^* \leq t \mid \mathcal{A}) = F(t) \text{ et } \mathbb{P}(Y \neq Y^*) \leq \beta.$$

Munissons la première composante de la probabilité induite sur $\mathcal{A}$ par $\mathbb{P}$. Pour définir la loi sur l'espace produit, il suffit de définir la loi conditionnelle $\nu_{\mathcal{A}}$ de (Y, Y^*) sachant la première composante.

Notations 5.1. Pour L entier naturel, on pose $I_{L,1} = [0, 2^{-L}]$ et pour et i dans $[2, 2^L]$, soit $I_{L,i} =](i - 1)2^{-L}, i2^{-L}]$. Soit $\mathcal{B}_L$ la sous-algèbre de $\mathcal{B}$ engendrée par les atomes $I_{L,i}$).

Nous allons définir construire une suite cohérente $(\nu_{L,\mathcal{A}})_L$ de probabilités conditionnelles sur les sous-algèbres $\mathcal{B}_L \otimes \mathcal{B}_L$ et obtenir $\nu_{\mathcal{A}}$ par un théorème d'extension.

Supposons avoir construit une famille cohérente $(\nu_{L,\mathcal{A}})_{L \leq N}$ de probabilités conditionnelles sur les algèbres $\mathcal{B}_L \otimes \mathcal{B}_L$ mesurables pour la tribu $\mathcal{A}$ et ayant les propriétés suivantes.

Soit $p_{i,j}^L = \nu_{L,\mathcal{A}}(I_{L,i} \times I_{L,j})$, Alors, pour tout L dans $[0, N]$ et tout i dans $[1, 2^L]$,

$$\mathcal{H}(L) \qquad p_{i,i}^L = \mathbb{P}(X \in I_{L,i} \mid \mathcal{A}) \wedge \mathbb{P}(X \in I_{L,i})$$

et les marges de $\nu_{L,\mathcal{A}}$ sont telles que

$$\mathcal{H}(L) \qquad \sum_{j=1}^{2^L} p_{i,j}^L = \mathbb{P}(X \in I_{L,i} \mid \mathcal{A}) \text{ et } \sum_{i=1}^{2^L} p_{i,j}^L = \mathbb{P}(X \in I_{L,i}).$$

(noter que $\mathcal{H}(0)$ est vraie automatiquement).

On se propose de construire une extension $\nu_{N+1,\mathcal{A}}$ à $\mathcal{B}_{N+1} \otimes \mathcal{B}_{N+1}$ de $\nu_{N,\mathcal{A}}$ telle que $\mathcal{H}(N + 1)$ soit satisfaite. Ecrivons en premier les contraintes de cohérence: pour tout couple (i, j) d'entiers de $[1, 2^N]$, la loi de probabilité $\nu_{N+1,\mathcal{A}}$ doit satisfaire

$$\mathcal{C}(N + 1) \qquad p_{i,j}^N = \sum_{\varepsilon=0}^{1} \sum_{\eta=0}^{1} p_{2i-\varepsilon, 2j-\eta}^{N+1}.$$

De plus la probabilité conditionnelle $\nu_{N+1,\mathcal{A}}$ doit satisfaire les équations $\mathcal{H}(N+1)$. Fixons (i,j) et posons

(5.10) $\qquad a_\varepsilon = \mathbb{P}(X \in I_{N+1,2i-\varepsilon} \mid \mathcal{A}), \quad b_\varepsilon = \mathbb{P}(X \in I_{N+1,2j-\varepsilon})$

et

$$q_{\varepsilon\eta} = p^{N+1}_{2i-\varepsilon,2j-\eta}.$$

Nous allons commencer par définir les quantités $p^{N+1}_{2i-\varepsilon,2i-\eta}$. Pour satisfaire la première contrainte au rang $N+1$, on pose

(5.11) $\qquad p^{N+1}_{2i-\varepsilon,2i-\varepsilon} = \mathbb{P}(X \in I_{N+1,2i-\varepsilon} \mid \mathcal{A}) \wedge \mathbb{P}(X \in I_{N+1,2i-\varepsilon})$

pour tout (i,ε) dans $[1,2^N] \times \{0,1\}$. Nous devons maintenant réaliser la contrainte $\mathcal{C}(N+1)$ pour $j = i$ tout en préservant les contraintes marginales. Alors nous devons avoir

$$q_{00} = a_0 \wedge b_0, \quad q_{11} = a_1 \wedge b_1$$

et

(5.12) $\qquad q_{01} + q_{10} = \inf(a_0 + a_1, b_0 + b_1) - q_{00} - q_{11}.$

Nous allons maintenant distinguer deux cas: si $a_0 + a_1 \leq b_0 + b_1$, alors la contrainte sur la première marginale au rang N, qui s'écrit

$$\sum_j p^N_{i,j} = a_0 + a_1$$

implique que $p^N_{i,j} = 0$ pour tout $j \neq i$. La première contrainte marginale au rang $N+1$ sur les lignes $2i$ et $2i-1$ s'écrit alors

(i) $\qquad q_{01} = a_0 - (a_0 \wedge b_0)$ et $q_{10} = a_1 - (a_1 \wedge b_1).$

D'après (5.12) et (i), il existe un unique quadruplet $(q_{\varepsilon\eta})$ satisfaisant les conditions demandées.

Dans le second cas, $a_0 + a_1 > b_0 + b_1$, et alors la contrainte au rang N sur la première marginale implique que $p^N_{j,i} = 0$ pour tout j distinct de i. La contrainte marginale au rang $N+1$ sur les colonnes $2i$ et $2i-1$ s'écrit

(ii) $\qquad q_{10} = b_0 - (a_0 \wedge b_0)$ et $q_{01} = b_1 - (a_1 \wedge b_1).$

D'après (5.12) et (ii), il existe un unique quadruplet $(q_{\varepsilon\eta})$ satisfaisant les conditions demandées.

Nous devons maintenant définir les nombres $p^{N+1}_{2i-\varepsilon,2j-\eta}$ pour $i \neq j$. Si $p^N_{i,j} = 0$, on prend ces nombres égaux à 0. Si $p^N_{i,j} \neq 0$, alors nécessairement
(5.13)
$$\mathbb{P}(X \in I_{N,i} \mid \mathcal{A}) > \mathbb{P}(X \in I_{N,i}) \text{ et } \mathbb{P}(X \in I_{N,j} \mid \mathcal{A}) < \mathbb{P}(X \in I_{N,j}).$$

Les nombres q_{10} et q_{01} sont alors déterminés par (ii). Sommons sur les lignes $2i$ et $2i-1$: on doit avoir

$$q_{00} + q_{01} = b_1 + (a_0 \wedge b_0) - (a_1 \wedge b_1) \leq a_0$$

et

$$q_{10} + q_{11} = b_0 + (a_1 \wedge b_1) - (a_0 \wedge b_0) \leq a_1$$

afin de pouvoir satisfaire les contraintes marginales. Mais $b_0 + b_1 < a_0 + a_1$ et donc $b_0 < a_0$ ou $b_1 < a_1$. Dans le premier cas

$$b_1 + (a_0 \wedge b_0) \leq b_0 + b_1 \leq \inf(a_0 + a_1, a_0 + b_1)$$

et

$$b_0 + (a_1 \wedge b_1) - (a_0 \wedge b_0) \leq (a_1 \wedge b_1) \leq a_1,$$

ce qui implique les inégalités requises. Le cas $b_1 < a_1$ se traite de même. Par conséquent le réel r_{i0} défini par

$$r_{i0} = (a_0 - q_{00} - q_{01})/(a_0 + a_1 - b_0 - b_1)$$

est dans $[0,1]$. On pose alors $r_{i1} = 1 - r_{i0}$. Nous laissons au lecteur le soin de définir les nombres analogues s_{j0} et $s_{j1} = 1 - s_{j0}$ correspondant à la colonne j et de vérifier que ces nombres sont dans $[0,1]$. On pose alors

(5.14) $$p^{N+1}_{2i-\varepsilon,2j-\eta} = r_{i\varepsilon} s_{j\eta} p^N_{i,j} \text{ pour } (\varepsilon,\eta) \in \{0,1\}^2,$$

ce qui complète la définition de $\nu_{N+1,\mathcal{A}}$. La contrainte $\mathcal{C}(N+1)$ est alors satisfaite. Nous allons vérifier la contrainte sur la première marginale (la contrainte sur la seconde marginale se vérifie de manière similaire). Cette contrainte est satisfaite sous (i), et donc nous pouvons nous placer sous (ii). Il suffit de vérifier que

(5.15) $$\sum_{j=1}^{2^N} \sum_{\eta=0}^{1} p_{2i,2j-\eta} = a_0,$$

car cette égalité et la contrainte sur la ligne i au rang N impliquent la contrainte sur la ligne $2i-1$. En séparant $j = i$ et $j \neq i$ dans cette somme et en utilisant (ii), cette égalité équivaut à

$$r_{i0} \sum_{j \neq i} p^N_{i,j} = (a_0 - q_{00} - q_{01}).$$

Or la contrainte sur la ligne i pour $\nu_{N,\mathcal{A}}$ s'écrit

$$\sum_{j \neq i} p_{i,j}^N = (a_0 + a_1 - b_0 - b_1),$$

et donc il y a égalité par définition de r_{i0}. Nous avons donc défini un famille cohérente de probabilités conditionnelles $(\nu_{N,\mathcal{A}})$ ayant les propriétés requises.

Définissons la mesure de probabilité ν_N sur la tribu $\mathcal{A} \otimes \mathcal{B}_N \otimes \mathcal{B}_N$ par

$$\nu_N(A \times B_N) = \mathbb{E}(\mathbb{1}_A \nu_{N,\mathcal{A}}(B_N)).$$

La famille $(\nu_N)_N$ de probabilités ainsi définie est cohérente. Il en résulte qu'il existe une unique mesure de probabilité ν sur $\mathcal{A} \otimes \mathcal{B} \otimes \mathcal{B}$ telle que

$$(5.16) \qquad \nu(A \times B_N) = \nu_N(A \times B_N) = \mathbb{E}(\mathbb{1}_A \nu_{N,\mathcal{A}}(B_N))$$

pour tout A dans $\mathcal{A}$ et tout B_N dans $\mathcal{B}_N \otimes \mathcal{B}_N$. Notons $\nu_{\mathcal{A}}$ la mesure conditionnelle définie par

$$(5.17) \qquad \nu(A \times B) = \mathbb{E}(\mathbb{1}_A \nu_{\mathcal{A}}(B)) \text{ pour } A \in \mathcal{A} \text{ et } B \in \mathcal{B} \otimes \mathcal{B}.$$

La restriction de $\nu_{\mathcal{A}}$ à $\mathcal{B}_N \otimes \mathcal{B}_N$ est égale à $\nu_{N,\mathcal{A}}$. Il en résulte que, pour tout nombre dyadique x (i.e. ayant un développement en base 2 fini),

$$(5.18) \qquad \nu_{\mathcal{A}}([0, x] \times [0, 1]) = F_{\mathcal{A}}(x) \text{ et } \nu_{\mathcal{A}}([0, 1] \times [0, x]) = F(x).$$

Par un argument de densité, cette égalité est encore satisfaite pour x réel quelconque de $[0, 1]$. Donc, si Y est la seconde projection et Y^* la troisième projection, d'une part Y^* est indépendante de $\mathcal{A}$ (on appelle abusivement $\mathcal{A}$ la tribu induite par la première projection) et a même loi que X et d'autre part la loi de Y sachant $\mathcal{A}$ est égale à la loi de X sachant $\mathcal{A}$. De plus

$$\mathbb{P}(Y = Y^*) = \lim_{N \to \infty} \mathbb{E}\left(\nu_{N,\mathcal{A}}\left(\bigcup_{i=1}^{2^N} I_{N,i} \times I_{N,i}\right)\right)$$

$$(5.19) \qquad = \lim_{N \to \infty} \downarrow \sum_{i=1}^{2^N} \mathbb{E}(p_{i,i}^N).$$

Comme

$$\sum_{i=1}^{2^N} \mathbb{E}(p_{i,i}^N) = \frac{1}{2} \sum_{i=1}^{2^N} \mathbb{E}(|\mathbb{P}(X \in I_{N,i} \mid \mathcal{A}) - \mathbb{P}(X \in I_{L,i})|)$$

$$\geq 1 - \beta(\mathcal{A}, \sigma(X)),$$

il en résulte que $\mathbb{P}(Y \neq Y^*) \leq \beta(\mathcal{A}, \sigma(X))$.

Revenons à l'espace initial. Soit $\tilde{\Omega} = \Omega \times [0,1] \times [0,1] \times [0,1]$ muni de la probabilté produit $\nu \otimes \lambda$. D'après le lemme E.2, il existe une variable aléatoire de loi uniforme sur $[0,1]$ indépendante de la tribu $\mathcal{G}$ induite par la projection sur les deux premières composantes de $\tilde{\Omega}$, et une fonction g mesurable pour $\mathcal{A} \otimes \mathcal{B} \otimes \mathcal{B}$ telles que $Y^* = g(\omega, Y, V)$ p.s. (la variable Y^* est une fonction des deux premières coordonnées de $\tilde{\Omega}$ et de la variable V). Pour revenir à $(\Omega, \mathcal{T}, \mathbb{P})$, on pose alors $X^* = g(\omega, X, \delta)$. La variable X^* ainsi définie a les propriétés demandées. ∎

5.4. Une relation entre coefficients de α-mélange et de β-mélange.

Nous allons donner ici une relation entre les coefficients de β-mélange et de mélange fort entre deux tribus, quand l'une des tribus a un nombre fini d'atomes. Cette approche a été utilisée par Bradley (1983) pour obtenir un lemme de couplage pour les variables réelles sous une contrainte de mélange fort. Nous comparerons ce lemme au lemme 5.1 en fin de section.

Lemme 5.3. *Soit $\mathcal{A}$ une sous-tribu de $(\Omega, \mathcal{T}, \mathbb{P})$ et $\mathcal{B}$ une algèbre de Boole incluse dans $\mathcal{T}$ ayant exactement K atomes. Alors*

$$\beta(\mathcal{A}, \mathcal{B}) \leq (2K)^{1/2} \alpha(\mathcal{A}, \mathcal{B}).$$

Remarque 5.1. Ce lemme est optimal à une constante près, comme le montre Bradley (1983) sur un contre-exemple (voir exercice 2).

Preuve. Quitte à étendre l'espace probabilisé, on peut considérer une suite $(\varepsilon_1, \ldots, \varepsilon_K)$ de signes symétriques indépendants , indépendante de $\mathcal{A} \vee \mathcal{B}$. Soient $B_1, \ldots, B_K$ les atomes de $\mathcal{B}$. Posons

$$Y = \sum_{k=1}^{K} \varepsilon_i (\mathbb{1}_{B_k} - \mathbb{P}(B_k)).$$

Fixons la valeur prise par $(\varepsilon_1, \ldots, \varepsilon_K)$: la variable Y est conditionnellement centrée, de sorte que nous pouvons appliquer (1.11c) avec $X = 1$. Puisque Y est à valeurs dans $[-1, 1]$, nous obtenons ainsi, après réintégration en les variables de signe:

$$(5.20) \qquad \mathbb{E}\left(\left| \sum_{k=1}^{K} \varepsilon_i (\mathbb{P}(B_k \mid \mathcal{A}) - \mathbb{P}(B_k)) \right| \right) \leq 2\alpha(\mathcal{A}, \mathcal{B}).$$

Or la minoration de Szarek (1976) dans l'inégalité de Khinchin assure que, pour toute suite $a_1, \ldots, a_K$ de nombres réels

$$
\begin{aligned}
\mathbb{E}(|a_1 \varepsilon_1 + \cdots + a_K \varepsilon_K|) &\geq 2^{-1/2}(a_1^2 + \cdots + a_K^2) \\
&\geq (2K)^{-1/2}(|a_1| + \cdots + |a_K|)
\end{aligned}
$$

(5.21)

par l'inégalité de Cauchy-Schwarz. En prenant

$$a_k = \mathbb{P}(B_k \mid \mathcal{A}) - \mathbb{P}(B_k),$$

nous en déduisons que

$$2\alpha(\mathcal{A}, \mathcal{B}) \geq (2K)^{-1/2} \sum_{i=1}^{K} \mathbb{E}(|\mathbb{P}(B_k \mid \mathcal{A}) - \mathbb{P}(B_k)|)$$
$$= (2/K)^{1/2} \beta(\mathcal{A}, \mathcal{B}),$$

ce qui complète la preuve du lemme 5.3. ■

Expliquons la méthode de Bradley (1983) pour X variable aléatoire réelle à support dans $[a, b]$. Soit $H_1, H_2, \ldots H_k$ est une partition de $[a, b]$ en K intervalles de longueur égale. En appliquant le lemme 5.3 à l'algèbre $\mathcal{B}$ engendrée par les événements $B_k = (X \in H_k)$ suivi du lemme 5,1, on peut construire une variable aléatoire X^* (dépendant de la partition choisie), indépendante de $\mathcal{A}$ et de même loi que X, telle que

$$(5.22) \qquad \mathbb{P}\left((X, X^*) \in \bigcup_{k=1}^{K} H_k \times H_k\right) \geq 1 - (2K)^{1/2}\alpha(\mathcal{A}, \sigma(X)).$$

Si (X, X^*) est dans $H_k \times H_k$ alors $|X - X^*| \leq (b - a)/K$. Donc

$$(5.23) \qquad \mathbb{P}(|X - X^*| > K^{-1}(b - a)) \leq (2K)^{1/2}\alpha(\mathcal{A}, \sigma(X)).$$

Si λ est dans $[0, b - a]$, en prenant pour K le plus petit nombre entier tel que $K^{-1}(b - a) > \lambda$, on obtient un couple (X, X^*) (dépendant de λ) tel que

$$(5.24) \qquad \mathbb{P}(|X - X^*| \geq \lambda) \leq (2(b - a)/\lambda)^{1/2}\alpha(\mathcal{A}, \sigma(X))$$

(voir Bradley (1983), théorème 3). Cette inégalité est moins performante que le lemme 5.1 et ne sera donc pas utilisée. Son défaut majeur réside dans le fait que λ est fixé. Par exemple, pour un choix optimal de λ, elle conduit à la majoration

$$(5.25) \qquad \mathbb{E}(|X - X^*|) \leq 3((b - a)/2)^{1/3}(\alpha(\mathcal{A}, \sigma(X)))^{2/3}.$$

Nous verrons cependant dans l'exercice 1 que, pour la construction du couple (X, X^*) proposée dans la preuve du lemme 5.2, on peut obtenir un majoration de $\mathbb{E}(|X - X^*|)$ comparable à celle du lemme 5.1.

5.5. Couplage maximal et suites absolument régulières.

Dans cette section nous donnons une caractérisation des suites absolument régulières à partir de la notion de couplage maximal. Le théorème suivant est montré dans Goldstein (1979) (voir théorème 3.3) et énoncé dans Berbee (1979) avec une ébauche de preuve. Ce théorème généralise un théorème de Griffeath (1975) pour les chaînes de Markov.

Théorème 5.1.   *Soit $(\xi_i)_{i \in \mathbb{Z}}$ une suite de variables aléatoires à valeurs dans un espace polonais $\mathcal{X}$. On suppose que $(\Omega, \mathcal{T}, \mathbb{P})$ contient une variable U de loi uniforme sur $[0, 1]$, indépendante de $(\xi_i)_{i \in \mathbb{Z}}$. Alors on peut construire une suite $(\xi_i^*)_{i \in \mathbb{Z}}$ de même loi que la suite $(\xi_i)_{i \in \mathbb{Z}}$, indépendante de $\mathcal{F}_0 = \sigma(\xi_i : i \leq 0)$, mesurable pour la tribu engendrée par U et $(\xi_i)_{i \in \mathbb{Z}}$, et couplée avec la suite initiale ainsi: pour tout $n > 0$,*
(a)
$$\mathbb{P}(\xi_k \neq \xi_k^* \text{ pour un } k \geq n \mid \mathcal{F}_0) = \operatorname{ess\,sup} \{ |\mathbb{P}(B \mid \mathcal{F}_0) - \mathbb{P}(B)| : B \in \mathcal{G}_n \},$$

avec la notation 2.1. En particulier

(b)
$$\mathbb{P}(\xi_k \neq \xi_k^* \text{ pour un } k \geq n) = \beta(\mathcal{F}_0, \mathcal{G}_n).$$

Remarque 5.2.   Les coefficients de β-mélange de la suite $(\xi_i)_{i \in \mathbb{Z}}$ sont caractérisés par la propriété (b). Ce théorème de couplage contient donc, en un certain sens, toute l'information fournie par la connaissance des coefficients de β-mélange. Nous en donnerons ue application à l'étude de la convergence des processus empiriques dans le chapitre huit et nous verrons alors comment en déduire certains résultats du chapitre un.

EXERCICES

1) Soit $\mathcal{A}$ une sous-tribu de $(\Omega, \mathcal{T}, \mathbb{P})$ et X une v.a. à valeurs dans $[0, 1]$. On pose $\alpha = \alpha(\mathcal{A}, \sigma(X))$. Soit X^* la variable construite dans la preuve du lemme 5.2.

a) Montrer que, pout tout entier $N > 0$,

$$\mathbb{P}(\text{ il existe } i \in [1, 2^N] \text{ tel que } (X, X^*) \in I_{N,i} \times I_{N,i}) \geq 1 - 2^{(N+1)/2}\alpha.$$

En déduire que, pour tout λ positif, $\mathbb{P}(|X - X^*| > \lambda) \leq (2/\lambda)^{1/2}\alpha$.

b) Montrer que $\mathbb{E}(|X - X^*|) \leq 2\sqrt{2}\,\alpha$. Est-il possible d'obtenir une majoration similaire si l'on remplace α par le coefficient $\alpha(\mathcal{A}, X)$ du lemme 5.2 ?

On suppose maintenant X à valeurs dans $[0, 1]^d$ muni de la distance d_∞.

c) Montrer qu'il existe une transformation bijective et bimesurable de $[0, 1]$ dans $[0, 1]^d$ telle que les intervalles dyadiques $I_{N,i}$ soient transformés en rectangles dyadiques de diamètre au plus $2^{-[N/d]}$.

d) Construire une variable X^* indépendante de $\mathcal{A}$ et de même loi que X telle que

$$\mathbb{P}(\|X - X^*\|_\infty > 2\lambda^{1/d}) \leq (2/\lambda)^{1/2}\alpha.$$

En déduire une majoration de $\mathbb{E}(|X - X^*|)$. Cette majoration est-elle satisfaisante ?

2) Sur l'optimalité du lemme 5.3. - *Bradley (1983)* - On rappelle que la corrélation entre deux variables X et Y de carré intégrable non p.s. constantes est définie par

$$\text{Corr}(X, Y) = (\text{Var}\, X\, \text{Var}\, Y)^{-1/2}\, \text{Cov}(X, Y).$$

Si $\mathcal{A}$ et $\mathcal{B}$ sont deux tribus d'un espace probabilisé, on pose

$$\rho(\mathcal{A}, \mathcal{B}) = \sup\{\text{Corr}(X, Y) : X \in L^2(\mathcal{A}), Y \in L^2(\mathcal{B})\}.$$

Soit N une entier naturel pair quelconque. Soit $\Omega_1 = [0, 1]$ muni de la tribu borélienne, notée $\mathcal{F}_1$, et P_1 la mesure de Lebesgue sur $\mathcal{F}_1$. Soit $\Omega_2 = \{1, \ldots, N\}$ muni de la tribu $\mathcal{F}_2$ de toutes les parties et de la loi uniforme P_2.

On pose $m = N/2$. Soient $h_1, h_2, \ldots$ les fonctions de Rademacher, $h_j(x) = (-1)^{[x2^j]}$. Sur le produit $\Omega = \Omega_1 \times \Omega_2$ muni de la tribu $\mathcal{F}_1 \times \mathcal{F}_2$, on définit la probabilité P ainsi: la densité par rapport à la mesure de Lebesgue de la loi de ω_1 conditionnelle à $(\omega_2 = j)$ est égale à $1 - h_j(x)$ si j est dans $[1, m]$ et à $1 - h_{j-m}(x)$ si j est dans $[m + 1, N]$. On prend $\mathcal{A} = \{F_1 \times \Omega_2 : F_1 \in \mathcal{F}_1\}$ et $\mathcal{B} = \{\Omega_1 \times F_2 : F_2 \in \mathcal{F}_2\}$.

a) Montrer que $\beta(\mathcal{A}, \mathcal{B}) = 1/2$.

b) Montrer que toute fonction numérique g sur $\{1, 2, \ldots, N\}$ se décompose ainsi: $g = g_1 + g_2$ avec $g_1(j + m) = -g_1(j + m)$ et $g_2(j + m) = g_2(m)$ pour tout j dans $[1, m]$, Montrer l'unicité de la décomposition. Montrer enfin, que sous la loi P_2, $\text{Var}\, g \geq \text{Var}\, g_1$.

c) Soit f une fonction Borélienne sur $[0, 1]$, de moyenne nulle et de carré intégrable. Montrer que $\text{Cov}(f, g) = \text{Cov}(f, g_1)$. En déduire que

$$|\text{Corr}(f, g)| \leq |\text{Corr}(f, g_1)|.$$

d) Soit $c_j = g_1(j)$. Montrer que

$$\text{Cov}(f, g_1) = \frac{2}{N} \int_0^1 \sum_{j=1}^m c_j h_j(x) f(x)dx.$$

En déduire que $\rho(\mathcal{A}, \mathcal{B}) \leq (2/N)^{1/2}$.

e) Montrer que $\rho(\mathcal{A}, \mathcal{B}) \geq 2\alpha(\mathcal{A}, \mathcal{B})$. En déduire que

$$\alpha(\mathcal{A}, \mathcal{B})(N/2)^{1/2} \leq \beta(\mathcal{A}, \mathcal{B}).$$

6. INÉGALITÉS DE FUK-NAGAEV, MOMENTS D'ORDRE QUELCONQUE

6.1. Introduction

Dans ce chapitre, nous cherchons à étendre les inégalités exponentielles classiques (voir annexe B) aux sommes de variables aléatoires mélangeantes. Notre approche, qui est la suivante, est proche de celle de Bradley (1983) et de Bosq (1993), l'amélioration principale par rapport à Bosq résidant dans l'emploi d'un lemme de couplage nouveau pour les variables aléatoires réelles satisfaisant des conditions de mélange fort. Ce lemme de couplage, énoncé dans la section 5.2, qui remplace le lemme de couplage de Berbee (1979) pour les variables à valeurs dans un espace polonais, obtenu sous une contrainte de β-mélange. nous permet de remplacer la suite de variables initiales par une suite de variables q-dépendante, avec un coût dépendant du choix de q (voir Berkes et Philipp (1979), théorème 2, pour l'analogue de cette technique de remplacement par des blocs de v.a. indépendantes en ϕ-mélange). En appliquant les inégalités exponentielles classiques à cette nouvelle suite, nous obtenons dans la section 6.2 des majorations à deux composantes de la probabilité de déviation d'une somme de variables bornées: une première composante exponentielle et une seconde composante fonction du taux de mélange. Comme cette deuxième composante décroit en puissance de n pour les taux de mélange arithmétiques, les inégalités obtenues sont plus proches des inégalités de Fuk et Nagaev (1971) pour les sommes de variables non bornées que des inégalités exponentielles classiques. Dans la section 6.3, nous déduisons de l'inégalité précédente l'inégalité analogue pour les sommes de variables non bornées. Dans la section 6.4, nous montrons comment en déduire des inégalités de moment de type Rosenthal (1970). Nous reprenons dans cette section la méthode proposée par Petrov (1989). Enfin, nous donnons une application à une loi du logarithme itéré bornée dans la section 6.5.

6.2. Inégalités pseudo-exponentielles pour les sommes

Dans cette section, nous déduisons de l'inégalité de Bennett pour les sommes de variables indépendantes et du lemme 5.2 l'inégalité maximale suivante pour les sommes de variables aléatoires bornées.

Théorème 6.1. *Soit* $(X_i)_{i>0}$ *une suite de variables aléatoires réelles telle que* $\|X_i\|_\infty \leq M$ *pour tout entier* $i > 0$*, et* $(\alpha_n)_{n\geq 0}$ *la suite de coefficients de mélange fort définie par (2.1). Supposons de plus que* $X_i = 0$ *p.s. pour tout* $i > n$*. Posons* $S_k = \sum_{i=1}^{k}(X_i - \mathbb{E}(X_i))$*. Soit* q *un entier strictement positif,* v_q *tout réel positif tel que*

$$v_q \geq \sum_{i>0} \mathbb{E}((X_{iq-q+1} + \cdots + X_{iq})^2) \quad et \quad M(n) = \sum_{i=1}^{n} \|X_i\|_\infty.$$

Alors, pour tout $\lambda \geq Mq$,

$$\mathbb{P}\left(\sup_{k\in[1,n]} |S_k| \geq (\mathbb{1}_{q>1} + 5/2)\lambda\right)$$

$$\leq 4\exp\left(-\frac{v_q}{(qM)^2}h(\lambda qM/v_q)\right) + 4M(n)\alpha_{q+1}\lambda^{-1}.$$

$$\leq 4\exp\left(-\frac{\lambda}{2qM}\log(1+\lambda qM/v_q)\right) + 4M(n)\alpha_{q+1}\lambda^{-1},$$

où $h(x) = (1+x)\log(1+x) - x$.

Preuve. Posons $U_i = S_{iq} - S_{iq-q}$. Comme $X_i = 0$ si $i > n$, les variables U_i sont nulles p.s. à partir d'un certain rang. Puisque tout entier j est à une distance inférieure ou égale à $[q/2]$ d'un multiple de q,

$$\sup_{k\in[1,n]} |S_k| \leq 2[q/2]M + \sup_{j>0} \Big|\sum_{i=1}^{j} U_i\Big|.$$

Donc le théorème 6.1. est une conséquence de l'inégalité suivante:
(6.1)
$$\mathbb{P}\Big(\sup_{j>0} \Big|\sum_{i=1}^{j} U_i\Big| \geq 5\lambda/2\Big) \leq 4\exp\left(-\frac{v_q}{(qM)^2}h(\lambda qM/v_q)\right) + 4M(n)\frac{\alpha_{q+1}}{\lambda}.$$

La seconde partie de l'inégalité du théorème 6.1 découle immédiatement de (6.1) et de la minoration

$$h(x) \geq x\int_0^1 \log(1+tx)dt \geq x\log(1+x)\int_0^1 t\,dt \geq x\log(1+x)/2.$$

<u>Preuve de (6.1)</u>. Soit $(\delta_j)_{j>0}$ une suite de v.a. indépendantes de loi uniforme sur $[0, 1]$, indépendante de la suite $(U_i)_{i>0}$. Appliquons le lemme 5.2 récursivement. Pour tout $i > 0$, il existe une fonction mesurable F_i telle que $U_i^* = F_i(U_1, ..., U_{i-2}, U_i, \delta_i)$ satisfasse les conclusions du lemme 5.2 avec $\mathcal{A} = \sigma(U_l : l < i - 1)$. La suite $(U_i^*)_{i>0}$ ainsi construite a les propriétés suivantes:

1. Pour tout $i > 0$, la variable U_i^* a même loi que U_i.
2. Les variables $(U_{2i}^*)_{i>0}$ sont indépendantes dans leur ensemble ainsi que les variables $(U_{2i-1}^*)_{i>0}$.
3. De plus

$$\mathbb{E}(|U_i - U_i^*|) \le 2\alpha_{q+1} \sum_{k=iq-q+1}^{iq} \|X_k\|_\infty \quad \text{pour tout} \;\; i > 0.$$

Substituons les variables U_i^* aux variables initiales:

$$(6.2) \qquad \sup_{j>0} |\sum_{i=1}^{j} U_i| \le \sum_{i>0} |U_i - U_i^*| + \sup_{j>0} |\sum_{i=1}^{j} U_{2i}^*| + \sup_{j>0} |\sum_{i=1}^{j} U_{2i-1}^*|.$$

Par la propriété 3 suivie de l'inégalité de Markov,

$$(6.3) \qquad \mathbb{P}\left(\sum_{i>0} |U_i - U_i^*| \ge \lambda/2\right) \le 4M(n)\alpha_{q+1}\lambda^{-1}.$$

Pour conclure la preuve du théorème 6.1, il suffit alors d'appliquer la version maximale de l'inégalité de Bennett bilatère pour les variables indépendantes (voir (b) du théorème B.1, annexe B) successivement aux deux dernières sommes dans (6.2) et de noter que, d'après la propriété 1, on peut appliquer cette inégalité avec $K = Mq$ et $V = v_q$. ∎

6.3. Une inégalité de Fuk-Nagaev pour les sommes

Nous donnons ici une extension aux suites fortement mélangeantes de l'inégalité de Fuk-Nagaev. Cette extension ne s'applique cependant qu'aux suites de variables aléatoires dont les queues de distribution sont uniformément dominées.

Théorème 6.2. *Soit $(X_i)_{i>0}$ une suite de variables aléatoires réelles centrées et $(\alpha_n)_{n\ge 0}$ la suite de coefficients de mélange fort définie par (2.1). Posons $Q = \sup_{i>0} Q_i$ et*

$$(6.4) \qquad s_n^2 = \sum_{i=1}^{n} \sum_{j=1}^{n} |\text{Cov}(X_i, X_j)|.$$

Soit $R(u) = \alpha^{-1}(u)Q(u)$ et $H(u) = R^{-1}(u)$ la fonction inverse de R. Alors pour tout $\lambda > 0$ et tout $r \geq 1$,

$$(6.5) \quad \mathbb{P}\left(\sup_{k \in [1,n]} |S_k| \geq 4\lambda\right) \leq 4\left(1 + \frac{\lambda^2}{rs_n^2}\right)^{-r/2} + 4n\lambda^{-1} \int_0^{H(\lambda/r)} Q(u)\,du.$$

Remarque 6.1. Comme précédemment, nous pouvons imposer $X_i = 0$ pour $i > n$. En conséquence, nous pouvons remplacer $\alpha^{-1}(u)$ par $\alpha^{-1}(u) \wedge n$ dans les inégalités ci-dessus.

Preuve. D'après la remarque ci-dessus, nous pouvons supposer $X_i = 0$ pour tout $i > n$. Soient q un entier strictement positif et $M > 0$. Posons
(6.6)
$$U_i = S_{iq} - S_{iq-q} \quad \text{et} \quad \bar{U}_i = (U_i \wedge qM) \vee (-qM) \text{ pour } i \in \{1, \ldots, [n/q]\}.$$

Par convention on pose $\bar{U}_i = 0$ pour $i > [n/q]$. Soi $\varphi_M(x) = (|x| - M)_+$. Nous allons nous ramener aux variables $\bar{U}_i$ en montrant que

$$(6.7) \quad \sup_{k \in [1,n]} |S_k| \leq \sup_{j > 0} \left|\sum_{i=1}^j \bar{U}_j\right| + qM + \sum_{k=1}^n \varphi_M(X_k).$$

Pour établir (6.7), il suffit de noter que, si le maximum de $|S_k|$ est atteint en k_0, alors, pour $j_0 = [k_0/q]$,

$$(6.8) \quad \sup_{k \in [1,n]} |S_k| \leq \left|\sum_{i=1}^{j_0} \bar{U}_i\right| + \sum_{i=1}^{j_0} |U_i - \bar{U}_i| + \sum_{k=j_0+1}^{k_0} |X_k|,$$

puis, par convexité de φ_M, que

$$(6.9) \quad \sum_{i=1}^{j_0} |U_i - \bar{U}_i| \leq \sum_{k=1}^{qj_0} \varphi_M(X_k),$$

et enfin que

$$(6.10) \quad \sum_{k=j_0+1}^{k_0} |X_k| \leq (k_0 - qj_0)M + \sum_{k=j_0+1}^{k_0} \varphi_M(X_k).$$

Pour revenir à la situation du théorème 6.1, nous devons encore recentrer les variables $\bar{U}_i$. Puisque les variables U_i sont centrées,

$$\sup_{j>0} \left|\sum_{i=1}^j \bar{U}_i\right| \leq \sup_{j>0} \left|\sum_{i=1}^j (\bar{U}_i - \mathbb{E}(\bar{U}_i))\right| + \sum_{i>0} \mathbb{E}(|U_i - \bar{U}_i|)$$

$$(6.11) \qquad\qquad \leq \sup_{j>0} \left|\sum_{i=1}^j (\bar{U}_i - \mathbb{E}(\bar{U}_i))\right| + \sum_{k=1}^n \mathbb{E}(\varphi_M(X_k))$$

par convexité de φ_M. Nous avons donc établi que
(6.12)

$$\sup_{k\in[1,n]} |S_k| \leq \sup_{j>0} \left| \sum_{i=1}^{j} (\bar{U}_i - \mathbb{E}(\bar{U}_i)) \right| + qM + \sum_{k=1}^{n} (\mathbb{E}(\varphi_M(X_k)) + \varphi_M(X_k)).$$

Choisissons le niveau de troncature et la largeur des blocs. Soit $x = \lambda/r$ et $v = H(x)$. Si $v = 1/2$, alors

$$4n\lambda^{-1} \int_0^{H(\lambda/r)} Q(u)du \geq 2n\lambda^{-1} \int_0^1 Q(u)du \geq 2\lambda^{-1} \sum_{i=1}^{n} \mathbb{E}(|X_i|)$$

$$(6.13) \qquad\qquad\qquad \geq \lambda^{-1} \mathbb{E}(|S_n|),$$

et dans ce cas l'inégalité découle immédiatement de l'inégalité de Markov appliquée à $|S_n|$. Si $v < 1/2$ alors $\alpha^{-1}(v) > 0$. On prend alors

$$(6.14)) \qquad\qquad q = \alpha^{-1}(v) \text{ et } M = Q(v),$$

de telle sorte

$$(6.15) \qquad\qquad qM = R(v) = R(H(x)) \leq x \leq \lambda.$$

Nous pouvons maintenant appliquer le théorème 6.1 aux variables $\bar{U}_i$ (on peut aussi adapter la preuve de (6.1) avec $q = 1$ et x comme majorant commun des variables au premier terme du majorant de (6.13)). Puisque

$$(6.16) \qquad \mathbb{E}(\bar{U}_i^2) \leq \mathbb{E}(U_i^2) \leq \sum_{l,m\in]iq-q,iq]} |\operatorname{Cov}(X_l, X_m)|,$$

la quantité v_1 peut être choisie égale à s_n^2. Donc
(6.17)

$$\mathbb{P}\left(\sup_{j>0} \left| \sum_{i=1}^{j} (\bar{U}_j - \mathbb{E}(\bar{U}_i)) \right| \geq 5\lambda/2 \right) \leq 4\left(1 + \frac{\lambda^2}{rs_n^2}\right)^{-r/2} + 4nM\alpha_{q+1}\lambda^{-1}.$$

Majorons maintenant le dernier terme de (6.13)). D'après l'inégalité de Markov,

$$\mathbb{P}\left(\sum_{k=1}^{n} (\mathbb{E}(\varphi_M(X_k)) + \varphi_M(X_k)) \geq \lambda/2 \right) \leq \frac{4}{\lambda} \sum_{k=1}^{n} \int_0^1 (Q_k(u) - Q(v)_+ du$$

$$(6.18)) \qquad\qquad\qquad\qquad \leq \frac{4n}{\lambda} \int_0^v (Q(u) - Q(v))du.$$

Puisque $q \geq \alpha^{-1}(v)$, $\alpha_q \leq v$ et $M\alpha_{q+1} \leq vQ(v)$. Il suffit donc de rassembler (6.13), (6.17) et (6.18) et de noter que $Mq \leq \lambda$ pour conclure la preuve du théorème 6.2. ∎

Une application aux taux de mélange arithmétiques. On considère une suite $(X_i)_{i>0}$ dont les coefficients de mélange fort sont tels que, pour des constantes $c \geq 1$ et $a > 1$, $\alpha_n \leq cn^{-a}$ pour tout $n > 0$. Supposons que les variables X_i vérifient

$$\mathbb{P}(|X_i| > t) \leq t^{-p} \quad \text{pour un réel } p > 2.$$

Alors, si $b = ap/(a+p)$, un calcul élémentaire montre que

$$H(x) \leq c^{p/(a+p)} 2^b x^{-b}.$$

Donc

$$4\lambda^{-1} \int_0^{H(\lambda/r)} Q(u)du \leq 4Cr^{-1}(\lambda/r)^{-(a+1)p/(a+p)},$$

avec $C = 2p(2p-1)^{-1}(2^a c)^{(p-1)/(a+p)}$. Donc, pour $r \geq 1$ quelconque et λ positif, le théorème 6.2 donne
(6.19a)

$$\mathbb{P}\left(\sup_{k\in[1,n]} |S_k| \geq 4\lambda\right) \leq 4\left(1 + \frac{\lambda^2}{rs_n^2}\right)^{-r/2} + 4Cnr^{-1}(r/\lambda)^{(a+1)p/(a+p)}.$$

Quand $\|X_i\|_\infty \leq 1$, le théorème 6.2 appliqué avec $Q = 1$ donne

(6.19b) $\quad \mathbb{P}\left(\sup_{k\in[1,n]} |S_k| \geq 4\lambda\right) \leq 4\left(1 + \frac{\lambda^2}{rs_n^2}\right)^{-r/2} + 2ncr^{-1}(2r/\lambda)^{a+1}.$

6.4. Application aux inégalités de moment de type Rosenthal

Dans cette section, nous reprenons la méthode proposée par Petrov (1989) pour obtenir les inégalités de moment de Rosenthal (1970) à partir d'une inégalité de type Nagaev-Fuk et nous l'adaptons au cadre mélangeant. Nous obtenons ainsi une extension du théorème 2.2 à des exposants réels quelconques sans perte sur les conditions de mélange.

Théorème 6.3. *Soit $(X_i)_{i>0}$ une suite de variables aléatoires réelles centrées et $(\alpha_n)_{n\geq 0}$ la suite de coefficients de mélange fort définie par (2.1). On suppose de plus que, pour un réel $p \geq 2$ donné, $\mathbb{E}(|X_i|^p) < \infty$ pour tout entier positif i. Alors, avec les notations du théorème 6.2,*

$$\mathbb{E}\left(\sup_{k\in[1,n]} |S_k|^p\right) \leq a_p s_n^p + nb_p \int_0^1 [\alpha^{-1}(u)]^{p-1} Q^p(u)du,$$

où

$$a_p = p4^{p+1}(p+1)^{p/2} \quad \text{et} \quad b_p = \frac{p}{p-1}4^{p+1}(p+1)^{p-1}.$$

Remarque 6.2. La remarque 6.1 est encore valide ici. Nous renvoyons à l'annexe C pour une discussion de ces inégalités.

Preuve. Intégrons l'inégalité du théorème 6.2 avec $r = p + 1$. Puisque

$$\mathbb{E}\left(\sup_{k \in [1,n]} |S_k|^p\right) = p4^p \int_0^\infty \lambda^{p-1} \mathbb{P}\left(\sup_{k \in [1,n]} |S_k| \geq 4\lambda\right) d\lambda,$$

il résulte du théorème 6.2 que

$$(6.20) \qquad \mathbb{E}\left(\sup_{k \in [1,n]} |S_k|^p\right) \leq p4^p(4E_2 + 4nE_1),$$

où

$$E_2 = \int_0^\infty \left(1 + \frac{\lambda^2}{rs_n^2}\right)^{-r/2} \lambda^{p-1} d\lambda$$

et

$$E_1 = \int_0^\infty \int_0^1 \lambda^{p-2} Q(u) \mathbb{I}_{u < H(\lambda/r)} d\lambda du.$$

Comme H est l'inverse continue à droite de R, $(H(\lambda/r) > u)$ équivaut à $(\lambda < rR(u))$. Donc, en appliquant le théorème de Fubini,

$$(6.21) \qquad E_1 \leq \frac{1}{p-1}(p+1)^{p-1} \int_0^1 Q(u) R^{p-1}(u) du.$$

Majorons maintenant E_2. En effectuant le changement de variable $x = \lambda/(s_n\sqrt{r})$, nous obtenons:

$$E_2 = (p+1)^{p/2} s_n^p \int_0^\infty x^{p-2}(1 + x^2)^{-(p+1)/2} x \, dx.$$

Comme $x^{p-2} \leq (1 + x^2)^{(p-2)/2}$, nous en déduisons que

$$E_2 \leq (p+1)^{p/2} s_n^{p/2} \int_0^\infty (1 + x^2)^{-3/2} x \, dx,$$

puis, en effectuant le changement de variable $y = x^2$ dans l'intégrale, que

$$(6.22) \qquad E_2 \leq (p+1)^{p/2} s_n^{p/2}.$$

Le théorème 6.3 s'obtient en réunissant (6.20), (6.21) et (6.22). ∎

6.5. Application à la loi du logarithme itéré

Les premiers résultats sur la loi du logarithme itéré pour les suites fortement mélangeantes sont dus à Oodaira et Yoshihara (1971a, 1971b). Nous avons montré dans Rio (1995b) une loi du logarithme itéré fonctionnelle au sens de Strassen (1964) sous la condition (DMR) à partir du théorème limite central du chapitre quatre, du lemme de couplage et de l'inégalité de Fuk-Nagaev ci-dessus. Comme la preuve de ce résultat est assez technique, nous nous contenterons ici de montrer comment obtenir une loi du logarithme itéré bornée à partir du théorème 6.2. Dans cette section, nous utiliserons les notations $Lx = \log(x \vee e)$ et $LLx = L(Lx)$.

Théorème 6.4. *Soit* $(X_i)_{i>0}$ *une suite de variables aléatoires réelles centrées strictement stationnaire satisfaisant la condition (DMR) pour la suite* $(\alpha_n)_{n\geq 0}$ *de coefficients de mélange fort définie par (2.1). Alors, avec les notations du théorème 6.2,*

$$\limsup_{n\to\infty} \frac{|S_n|}{s_n\sqrt{\log\log n}} \leq 8 \quad p.s.$$

Preuve. Nous reprenons dans cette preuve les notations du théorème 6.2. Notons d'abord que, par stationnarité de la suite $(X_i)_{i\in\mathbf{N}}$,

$$(6.23) \qquad \lim_{n\to\infty} n^{-1}s_n^2 = \operatorname{Var} X_0 + 2\sum_{i=1}^{\infty} |\operatorname{Cov}(X_0, X_i)| = V > 0.$$

Pour montrer le théorème 6.4, il suffit en fait de montrer que

$$(6.24) \qquad \sum_{n>0} n^{-1}\mathbb{P}\left(\sup_{k\in[1,n]} |S_k| \geq 8s_n\sqrt{LLn}\right) < \infty,$$

puis d'appliquer le lemme de Borel-Cantelli (voir Stout (1974), chapitre 5 à ce propos).

Pour montrer (6.24), appliquons le théorème 6.2 avec $r = 2LLn$ et $\lambda = \lambda_n = 2s_n\sqrt{LLn}$. Posons $x_n = \lambda/r = s_n(LLn)^{-1/2}$. Ainsi

$$\sum_{n>0} n^{-1}\mathbb{P}\left(\sup_{k\in[1,n]} |S_k| \geq 8s_n\sqrt{LLn}\right) \leq$$

$$(6.25) \qquad 4\sum_{n>0} n^{-1}3^{-LLn} + \sum_{n>0}\frac{4}{\lambda_n}\int_0^{H(x_n)} Q(u)du.$$

La série $\sum_{n>0} n^{-1}3^{-LLn}$ est une série de Bertrand convergente. Pour étudier la seconde série, commutons intégration et sommation. Puisque $(u < H(x_n))$ équivaut à $(R(u) > x_n)$, nous obtenons

$$\sum_{n>0}\frac{4}{\lambda_n}\int_0^1 Q(u)\mathbb{I}_{u<H(x_n)}du = 4\int_0^1 Q(u)\left(\sum_{n>0}\frac{x_n}{s_n^2}\mathbb{I}_{x_n<R(u)}\right)du.$$

Comme le terme général de cette série est équivalent à $(nVLLn)^{-1/2}$ d'après (6.23), il est facile de montrer que

$$\sum_{n>0} \frac{x_n}{s_n^2} \mathbb{I}_{x_n < R(u)} \leq CR(u)$$

pour une constante $C > 0$. Par conséquent

$$(6.26) \qquad \sum_{n>0} \frac{1}{\lambda_n} \int_0^{H(x_n)} Q(u)du \leq C \int_0^1 R(u)Q(u)du,$$

ce qui conclut la preuve de (6.24). Le théorème 6.4 est donc démontré. ∎

EXERCICES

1) Soit $(X_i)_{i>0}$ une suite de variables aléatoires réelles centrées et $(\alpha_n)_{n \geq 0}$ la suite de coefficients de mélange fort définie par (2.1). On suppose $s_n \geq 1$. Montrer que, si $\|X_i\|_\infty \leq 1$ pour tout $i > 0$, alors, pour tout λ dans $[s_n, s_n^2]$,

$$(1) \qquad \mathbb{P}\left(\sup_{k \in [1,n]} |S_k| \geq 4\lambda\right) \leq 4\exp\left(-\frac{\lambda^2}{4s_n^2}\right) + 4n\lambda^{-1}\alpha(s_n^2/\lambda).$$

Comparer les deux termes de cette inégalité lorsque les coefficients de mélange satisfont $\alpha_n = O(a^n)$ pour un réel a tel que $0 < a < 1$.

2) **Une inégalité de Doukhan et Portal.** Nous nous proposons ici d'améliorer une inégalité exponentielle de Doukhan et Portal (1987).

On suppose que la suite $(X_i)_{i>0}$ satisfait $\|X_i\|_\infty \leq 1$ et $\alpha_q \leq c\exp(-aq)$ pour tout $q \geq 0$, pour des constantes a et c strictement positives. Montrer, par une application adéquate de (6.1), que, pourvu que $x \geq \log n$ et $n \geq 4$,

$$(2) \qquad \mathbb{P}\left(|S_n| \geq 5(s_n \vee 2\sqrt{5})\sqrt{x} + \frac{10}{3a}x^2\right) \leq c\exp(-x).$$

3) **Loi du logarithme itéré de Kolmogorov.** Soit $(X_i)_{i>0}$ une suite de variables aléatoires réelles centrées indépendantes et équidistribuées, de variance égale à 1.

a) Montrer que, pour tout $\varepsilon > 0$ assez petit,

$$(3) \qquad \sum_{n>0} n^{-1}\mathbb{P}(S_n^* \geq (1+\varepsilon)^2\sqrt{2nLLn}) < \infty.$$

Indication: appliquer (b) du théorème B.3, annexe B, avec $\lambda x = \varepsilon n$.

b) En déduire que

$$\limsup_{n \to \infty} (2nLLn)^{-1/2}|S_n| \leq 1 \text{ p.s.}$$

7. FONCTION DE RÉPARTITION EMPIRIQUE

7.1. Introduction

L'étude systématique des propriétés asymptotiques des processus empiriques a pris un nouvel élan dans les années cinquante avec l'apparition du théorèmes limite central fonctionnel pour la fonction de répartition empirique, dû à Donsker (1952). Ce théorème montre la convergence de toutes les fonctionnelles lipschitziennes de la fonction de répartition empirique centrée et normalisée vers les fonctionnelles correspondantes d'un processus gaussien connu sous le nom de pont brownien. Il permet en particulier de retrouver des résultats de convergence du maximum unilatère ou bilatère de la fonction de répartition empirique centrée et normalisée vers le maximum unilatère ou bilatère du pont brownien connus dès les années trente et unifie donc les résultats antérieurs. Dudley (1966) a formalisé plus rigoureusemet la notion de TLC fonctionnel pour la fonction de répartition empirique et a traité le cas multivarié. Les démonstrations de ces théorèmes s'articulent ainsi: dans un premier temps, on montre la convergence des marginales de dimension finie vers les marginales correspondantes d'un vecteur gaussien, et dans un second temps, on montre l'équicontinuité asymptotique de la fonction de répartition empirique centrée et normalisée, ce qui asssure que les fonctionnelles lipschitziennes du processus limite sont proches de celles du processus empirique pour n grand.

Les premiers résultats connus pour les processus empiriques mélangeants datent des années soixante-dix. Yoshihara (1979) a étendu le TLC fonctionnel de Donsker pour la fonction de répartition univariée sous la condition de mélange fort $\alpha_n = O(n^{-a})$ pour $a > 3$ et Dhompongsa (1984) a obtenu une extension du résultat de Dudley sur la fonction de répartition en dimension d sous la condition $\alpha_n = O(n^{-a})$ pour $a > d + 2$. Shao et Yu (1996) ont obtenu le TLC fonctionnel pour la fonction de répartition empirique univariée sous la condition $\alpha_n = O(n^{-a})$ pour $a > 1 + \sqrt{2}$, améliorant ainsi le résultat de Yoshihara. Des travaux récents de Arcones et Yu (1994) et de

Doukhan et al. (1995) dans un cadre plus général donnent des conditions
sur la convergence des coefficients de β-mélange plus faibles: en particulier
la condition $\beta_n = O(n^{-b})$ pour un $b > 1$ est suffisante pour la convergence
de la fonction de répartition multivariée. Mais les techniques de couplage
utilisées pour obtenir ces résultats sont assez délicates à mettre en oeuvre.
Dans ce chapitre, nous montrons comment obtemir un TLC fonctionnel
pour la fonction de répartition empirique univariée sous des hypothèses
similaires sur les coefficients de mélange fort en partant des inégalités exponentielles du chapitre 5. Nous étudierons les processus empiriques indexés
par des classes de fonctions ou de parties plus générales dans le chapitre
suivant, dans lequel nous montrerons l'intérêt de la technique de couplage
maximal (parfois appelée jonction maximale) pour obtenir des TLC fonctionnels pour les processus empiriques β-mélangeants, sous des conditions
similaires à celles introduites par Dudley (1978) et améliorées ultérieurement par Pollard (1982) et Ossiander (1987).

7.2. Un premier ordre de grandeur

Considérons une suite $(X_i)_{i \in \mathbb{Z}}$ stationnaire de variables aléatoires réelles
ayant pour fonction de répartition F. Posons

$$(7.1) \qquad F_n(x) = \frac{1}{n} \sum_{i=1}^{n} \mathbb{1}_{X_i \le x} \ \text{ et } \ \nu_n(x) = \sqrt{n}(F_n(x) - F(x)).$$

Nous noterons encore P_n et Z_n les mesures empiriques définies en (1.37).
Nous nous proposons de regarder la vitesse de convergence uniforme de F_n
vers F ainsi que la convergence de ν_n vers un processus limite à déterminer.
Nous allons commencer par l'étude de l'ordre de grandeur de $F_n - F$ dans
cette section. La proposition ci-dessous donne l'ordre de grandeur de la
déviation uniforme de $F_n - F$ à un facteur logarithmique près.

Proposition 7.1. *Soit $(X_i)_{i \in \mathbb{Z}}$ une suite stationnaire de variables aléatoires réelles et $(\alpha_k)_{k \ge 0}$ la suite de coefficients de mélange fort définie par
(1.20). On suppose F continue. Alors*

$$(7.2) \qquad \mathbb{E}(\sup_{x \in \mathbb{R}} |\nu_n(x)|^2) \le \left(1 + 4 \sum_{k=0}^{n-1} \alpha_k\right)(2 + \log n)^2.$$

Preuve. Puisque F est continue, nous pouvons nous ramener à des
variables aléatoires de loi uniforme sur $[0, 1]$ en considérant les variables
$F(X_i)$. Nous supposerons donc que les variables ont la loi uniforme sur
$[0, 1]$. Soit, pour A borélien qualconque, $I_n(A)$ la quantité définie dans
l'exercice 5, chapitre un. de l'exercice 5, chapitre un. Alors I_n est une
fonction sur-additive croissante et positive sur la tribu des boréliens. Enfin,

si $(\varepsilon_i)_{i>0}$ est une suite de signes symétriques indépendants, indépendante de la suite $(X_i)_{i\in\mathbb{Z}}$, alors

$$(7.3) \qquad \sum_{i=1}^{k} \operatorname{Var} Z_n(A_i) = \mathbb{E}\Big(Z_n^2\Big(\sum_{i=1}^{k}\varepsilon_i\,\mathbb{I}_{A_i}\Big)\Big)$$

et, comme les A_i sont disjoints, il en résulte que

$$(7.4) \qquad I_n(A) \leq \sup\{\operatorname{Var} Z_n(f\mathbb{I}_A) : \|f\|_\infty \leq 1\}.$$

Afin de montrer la proposition 7.1, nous allons introduire un argument de chaînage restreint. On définit les points x_{li} par $x_{li} = i2^{-l}$ pour $l \in \mathbb{N}$ et $i \in [0, 2^l]$. Soit $N \geq 1$ entier à fixer. Si x est élément de $[0, 1]$, son écriture en base deux est la suivante:

$$x = \sum_{l=1}^{N} b_l(x)2^{-l} + r_N(x) \quad \text{avec} \quad r_N(x) \in [0, 2^{-N}[,$$

les b_l valant 0 ou 1. Pour L dans $[1, N]$, posons

$$\Pi_L(x) = \sum_{l=1}^{L} b_l(x)2^{-l}.$$

Nous pouvons maintenant décomposer $\nu_n(x)$ ainsi:

$$\nu_n(x) = \nu_n(\Pi_1(x)) + \sum_{L=2}^{N}(\nu_n(\Pi_L(x)) - \nu_n(\Pi_{L-1}(x)))$$
$$(7.5) \qquad\qquad + \nu_n(x) - \nu_n(\Pi_N(x)).$$

De cette décomposition nous tirons:

$$(7.6) \qquad \sup_{x\in[0,1]} |\nu_n(x)| \leq \sum_{L=1}^{N} \Delta_L + \Delta_N^*,$$

où

$$\Delta_L = \sup_{i\in[1,2^L]} |Z_n(](i-1)2^{-L}, i2^{-L}])|$$

et

$$\Delta_N^* = \sup_{x\in[0,1]} |Z_n(]\Pi_N(x), x])|.$$

Majorons la norme L^2 du maximum du processus empirique. En appliquant l'inégalité triangulaire, il vient:

$$(7.7) \qquad \Big(\mathbb{E}\big(\sup_{x\in[0,1]} |\nu_n(x)|^2\big)\Big)^{1/2} \leq \sum_{L=1}^{N} \|\Delta_L\|_2 + \|\Delta_N^*\|_2.$$

Or

$$\Delta_L^2 \leq \sum_{i=1}^{2^L]} Z_n^2(](i-1)2^{-L}, i2^{-L}]),$$

et par conséquent

$$(7.8) \qquad \mathbb{E}(\Delta_L^2) \leq \sum_{i=1}^{2^L} \operatorname{Var} Z_n(](i-1)2^{-L}, i2^{-L}]) \leq 1 + 4\sum_{k=0}^{n-1} \alpha_k$$

d'après (7.4) et le théorème 1.1 ou l'inégalité de covariance d'Ibragimov. Pour finir, nous devons majorer Δ_N^*. De l'encadrement

$$-\sqrt{n}2^{-N} \leq Z_n(]\Pi_N(x), x]) \leq Z_n(]\Pi_N(x), \Pi_N(x) + 2^{-N}]) + \sqrt{n}2^{-N},$$

on tire

$$(7.9) \qquad\qquad \Delta_N^* \leq \Delta_N + \sqrt{n}2^{-N}.$$

En rassemblant (7.7), (7.8) et (7.9), on obtient:

$$(7.10) \qquad \left(\mathbb{E}(\sup_{x\in[0,1]} |\nu_n(x)|^2)\right)^{1/2} \leq (1 + N + \sqrt{n}\, 2^{-N})\left(1 + 4\sum_{k=0}^{n-1} \alpha_k\right)^{1/2}.$$

Il suffit alors de prendre $N = 1 + [(2\log 2)^{-1}\log n]$ et de noter que pour ce choix $\sqrt{n}2^{-N} \leq 1$ pour conclure la preuve. ∎

7.3. Théorèmes limites centraux fonctionnels

Nous venons de voir que, sous la condition (1.24) de sommabilité des coefficients de mélange fort, le pont empirique est de l'ordre de $\log n$ en probabilité. Quand les coefficients de mélange fort sont définis par (6.1), la sommabilité de la série des coefficients de mélange fort implique la convergence en loi des vecteurs marginaux $(\nu_n(x_1), \ldots, \nu_n(x_d))$ vers un vecteur gaussien G. De plus ce vecteur gaussien a pour covariance

$$(7.11) \qquad \operatorname{Cov}(G(x), G(y)) = \sum_{t\in\mathbb{Z}} \operatorname{Cov}(\mathbb{1}_{X_0 \leq x}, \mathbb{1}_{X_t \leq x}).$$

Il est naturel de se demander si la convergence faible du pont empirique vers le vecteur gaussien B est uniforme en x. On dit alors que le pont empirique satisfait un TLC fonctionnel. Dans cette section nous donnons une définition correcte de la notion de TLC fonctionnel dans un cadre général adapté aux processus empiriques ainsi qu'un critère suffisant pour le TLC fonctionnel. Nous reprenons ici le livre de Pollard (1990, section 10) auquel nous renvoyons pour plus de détails et pour les preuves des résultats qui suivent.

Considérons un espace métrique ou peudo-métrique (T, ρ) et notons $B(T)$ l'espace des fonctions bornées à valeurs réelles sur T. Munissons $B(T)$ de la distance uniforme, à savoir

$$d(x, y) = \sup_{t \in T} |x(t) - y(t)|.$$

Considérons une suite de processus aléatoires $\{X_n(\omega, t) : t \in T\}$ indexés par T et regardons la convergence de cette suite sous la métrique d. Les distributions limites d'intérêt seront les processus gaussiens concentrés sur

$$U_\rho(T) = \{x \in B(T) : x \text{ est uniformément continu sous } \rho\}.$$

Sous la métrique uniforme d, l'espace $U_\rho(T)$ est séparable si et seulement si (T, ρ) est précompact. Dans le cas séparable, une mesure de probabilité borélienne P sur $U_\rho(T)$ est déterminée de manière unique par ses projections de dimension finie

$$P(B \mid t_1, \ldots, t_k) = P\{x \in U_\rho(T) : (x(t_1), \ldots, x(t_d)) \in B\},$$

où $\{t_1, \ldots t_k\}$ décrit l'ensemble des parties finies de T et B l'ensemble de tous les boréliens de $\mathbb{R}^k$.

Dans le cas particulier du pont empirique associé à des variables de loi uniforme sur $[0, 1]$, nous prendrons $T = [0, 1]$ muni de la distance usuelle sur $\mathbb{R}$. Alors le vecteur gaussien G ayant la covariance donnée par (7.11) sera défini de manière unique si sa loi est concentrée sur $U_\rho(T)$.

Introduisons enfin la notion de convergence des marginales de dimension finie (appelée convergence fidi en abrégé) de la suite de processus $(X_n(\,.\,,t)$. Nous dirons qu'il y a convergence fidi si pour toute partie finie $\{t_1, \ldots t_k\}$ de T il existe une mesure de probabilité P telle que

$$(7.12) \qquad (X_n(\,.\,,t_1), \ldots, (X_n(\,.\,,t_k)) \longrightarrow P(\,.\, \mid t_1, \ldots, t_k) \text{ en loi.}$$

Le théorème suivant (voir Pollard (1990) théorème 10.2) permet de passer de la convergence fidi à la convergence dans $U_\rho(T)$.

Théorème 7.1. *Considérons un espace pseudo-métrique précompact* (T, ρ) *et une suite de processus aléatoires* $\{X_n(\omega, t) : t \in T\}$ *indexés par T. Supposons que*
(i) Les distributions de dimension finie convergent comme dans (7.12).
(ii) Pour tout $\varepsilon > 0$ et tout $\eta > 0$ il existe $\delta > 0$ tel que

$$\limsup_{n \to \infty} \mathbb{P}^* \left\{ \sup_{\substack{(s,t) \in T \times T \\ \rho(s,t) < \delta}} |X_n(\omega, s) - X_n(\omega, t)| > \eta \right\} < \varepsilon.$$

Alors il existe une mesure de probabilité borélienne P concentrée sur $U_\rho(T)$ dont les distributions marginales de dimension finie sont données par (7.12) et telle que X_n converge en loi vers P dans $B(T)$.

Réciproquement, si X_n converge en loi vers une mesure de probabilité borélienne P sur $U_\rho(T)$, alors les conditions (i) et (ii) sont satisfaites.

La condition (ii) est souvent appelée équicontinuité stochastique. Quand le processus limite est gaussien, on dit que X_n satisfait un TLC fonctionnel. Nous ne donnerons pas de preuve de ce critère que nous allons maintenant appliquer à l'étude de la convergence du pont empirique sous des conditions de dépendance faible diverses.

7.4. Convergence du pont empirique en mélange fort

Nous donnons ici un TLC fonctionnel pour le pont empirique associé à une suite $(X_i)_{i \in \mathbb{Z}}$ d'observations stationnaire sous des conditions de mélange fort. Pour simplifier les démonstrations, nous supposerons que la fonction de répartition F des variables X_i est continue. Le résultat suivant améliore les TLC uniformes de Yoshihara (1979) et de Shao et Yu (1996) pour le pont empirique univarié.

Théorème 7.2. *Soit $(X_i)_{i \in \mathbb{Z}}$ une suite stationnaire de variables aléatoires réelles. On suppose F continue. Si la suite $(\alpha_n)_{n \geq 0}$ des coefficients de mélange fort définie par (2.1) est telle que*

(i) $\alpha_n \leq cn^{-a}$ *pour un réel $a > 1$ et une constante $c \geq 1$.*

Alors il existe un processus gaussien G à trajectoires presque sûrement uniformément continues sur $\mathbb{R}$ muni de la pseudométrique

$$d_F(x, y) = |F(x) - F(y)|$$

et tel que ν_n converge en loi vers G dans $B(\mathbb{R})$.

Preuve. Clairement nous pouvons nous ramener à des variables de loi uniforme sur $[0, 1]$ en considérant les variables $F(X_i)$. Les résultats du chapitre 4 assurent la convergence fidi vers un processus gaussien de covariance définie par (7.11). Il nous reste à établir l'équicontinuité stochastique. Ceci découle immédiatement de la majoration suivante des fluctuations du pont empirique.

Proposition 7.2. *Soit $(X_i)_{i \in \mathbb{Z}}$ une suite stationnaire de variables aléatoires réelles de loi uniforme sur $[0, 1]$ satisfaisant la condition (i) du théorème 7.2. Posons $\Pi_K(x) = 2^{-K}[2^K x]$. Alors, pour tout $\eta > 0$,*

$$\lim_{K \to \infty} \limsup_{n \to \infty} \mathbb{E}^* \left(\sup_{x \in [0,1]} |\nu_n(x) - \nu_n(\Pi_K(x))| \right) = 0.$$

Preuve. En reprenant les arguments de la preuve de la proposition 7.1, nous obtenons l'analogue suivant de l'inégalité (7.6):

$$\sup_{x\in[0,1]} |\nu_n(x) - \nu_n(\Pi_K(x))| \leq \sum_{L=K+1}^{N} \Delta_L + \Delta_N^*.$$

Puis, en appliquant (7.9),

$$(7.13) \qquad \sup_{x\in[0,1]} |\nu_n(x) - \nu_n(\Pi_K(x))| \leq \sum_{L=K+1}^{N} \Delta_L + \Delta_N + \sqrt{n}\, 2^{-N}.$$

Notons Δ le terme de droite dans (7.13). D'après l'inégalité triangulaire

$$(7.14) \qquad \|\Delta\|_1 \leq \sqrt{n}\, 2^{-N} + \sum_{L=K+1}^{N-1} \|\Delta_L\|_1 + 2\|\Delta_N\|_1.$$

Soit N l'entier naturel tel que $2^{N-1} < n \leq 2^N$. Pour ce choix de N, d'après (7.14),

$$(7.15) \qquad \|\Delta\|_1 \leq n^{-1/2} + 2\sum_{L=K+1}^{N} \|\Delta_L\|_1.$$

La proposition 7.2 est donc une conséquence du lemme suivant.

Lemme 7.1. *Soit* $\theta = 16a^2(a-1)^{-2}$. *Pour le choix de N ci-dessus, il existe une constante C_0 (dépendant de a et de c) telle que*

$$\|\Delta_L\|_1 \leq C_0 2^{-L/\theta} \text{ pour tout } L \in [1, N].$$

Preuve. Posons $I_{L,i} =](i-1)2^{-L}, i2^{-L}]$ pour i entier dans $[1, 2^L]$. La preuve repose sur un raffinement de la technique de symétrisation introduite dans la section 7.2.

Soit $(\varepsilon_i)_{i\in[1,2^L]}$ est une suite de signes symétriques indépendants, telle que cette suite soit indépendante de la suite des observations.

Considérons un ensemble fini J d'indices entiers de $[1, 2^L]$. Conditionnons par la tribu $\mathcal{F}$ engendrée par la suite $(X_i)_{i\in\mathbb{Z}}$. Plaçons-nous dans le cas où le maximum de $|Z_n(I_{L,i})|$ quand i décrit J dépasse x et notons j le plus petit élément de J parmi les éléments i de J tels que $|Z_n(I_{L,i})| \geq x$. Alors, les signes ε_i pour $i \neq j$ étant fixés, l'un des deux nombres

$$Z_n\Big(\sum_{i\in J\setminus\{j\}} \varepsilon_i \mathbb{1}_{I_{L,i}}\Big) + Z_n(I_{l,j}) \quad \text{ou} \quad Z_n\Big(\sum_{i\in J\setminus\{j\}} \varepsilon_i \mathbb{1}_{I_{L,i}}\Big) - Z_n(I_{l,j})$$

est en dehors de l'intervalle $]-x, x[$. Donc, parmi les $2^{|J|}$ valeurs possibles de la suite de signes (on note $|J|$ le cardinal de J), il y a au moins $2^{|J|-1}$ valeurs pour lesquelles

$$\left| Z_n \left(\sum_{i \in J} \varepsilon_i \, \mathbb{I}_{I_l,i} \right) \right| \geq x.$$

Il en résulte que

$$(7.16) \qquad \mathbb{P}\left(\sup_{i \in J} |Z_n(I_{L,i})| \geq x \right) \leq 2\mathbb{P}\left(\left| Z_n \left(\sum_{i \in J} \varepsilon_i \, \mathbb{I}_{I_{L,i}} \right) \right| \geq x \right).$$

Soit M un entier de $[1, L]$ à débattre, et, pour k dans $[1, 2^M]$,

$$J_k = \{(k-1)2^{L-M} + 1, \dots, k2^{L-M}\}.$$

D'après (7.16)

$$(7.17) \qquad \mathbb{P}(|\Delta_L| \geq x) \leq 2 \sum_{k=1}^{2^M} \mathbb{P}\left(\left| Z_n \left(\sum_{i \in J_k} \varepsilon_i \, \mathbb{I}_{I_{L,i}} \right) \right| \geq x \right).$$

Dans ce qui suit, la lettre C désigne toute constante positive dépendant de a et de c uniquement. Fixons les valeurs prises par les signes ε_i et appliquons l'inégalité (6.19b) (qui découle du théorème 6.2) aux variables $Z_n(\sum_{i \in J_k} \varepsilon_i \, \mathbb{I}_{I_{L,i}})$. Par (a) du corollaire 1.1, pour une configuration donnée des signes ε_i,

$$(7.18) \qquad s_n^2 \leq 4 \int_0^{2^{-M}} \alpha^{-1}(u) du \leq 4c \sum_{i=0}^{\infty} \inf(i^{-a}, 2^{-M}) \leq C 2^{M(1-a)/a}.$$

Donc, en appliquant l'inégalité (6.19b)

$$\mathbb{P}\left(\left| Z_n \left(\sum_{i \in J_k} \varepsilon_i \, \mathbb{I}_{I_{L,i}} \right) \right| \geq 4\lambda \right) \leq C(rC)^{r/2} 2^{M(1-a)r/(2a)} \lambda^{-r}$$
$$+ 2c(2r)^{a+1} n^{(1-a)/2} \lambda^{-a-1},$$

puis, en appliquant (7.17),

$$(7.19) \qquad \begin{aligned} \mathbb{P}(|\Delta_L| \geq 4\lambda) \leq {} & C(rC)^{r/2} \min(1, 2^{M(2a+(1-a)r)/(2a)} \lambda^{-r}) \\ & + 2c(2r)^{a+1} \min(1, 2^M n^{(1-a)/2} \lambda^{-a-1}). \end{aligned}$$

Prenons $r = 4a/(a-1)$. Pour ce choix de r, l'inégalité ci-dessus devient (pour une autre constante C)

$$(7.20) \quad \mathbb{P}(|\Delta_L| \geq 4\lambda) \leq C \min(1, 2^{-M} \lambda^{-r}) + C \min(1, 2^M n^{(1-a)/2} \lambda^{-a-1}).$$

En intégrant en λ, nous en déduisons que

$$(7.21) \qquad \mathbb{E}(|\Delta_L|) \leq 8C \left(2^{-M/r} + 2^{M/(a+1)} n^{(1-a)/(2a+2)} \right).$$

Afin de rendre le second terme petit, on choisit alors $M = [L(a-1)/(4a)] = [L/r]$. Comme $n \geq 2^{L-1}$, ce choix de M conduit à la majoration suivante:

$$(7.22) \qquad \mathbb{E}(|\Delta_L|) \leq 16C \left(2^{-L/r^2} + 2^{-L(2a-1)/(ra+r)} \right) \leq 32C 2^{-L/r^2},$$

et le lemme 7.1. s'ensuit. ■

7.5. Convergence de la f.r. empirique multivariée

Soit $(X_i)_{i \in \mathbb{Z}}$ une suite stationnaire de variables aléatoires à valeurs dans $\mathbb{R}^d$. Pour étendre la notion de fonction de répartition, on munit $\mathbb{R}^d$ de l'ordre produit et on pose

$$F_n(x) = n^{-1} \sum_{i=1}^n \mathbb{1}_{X_i \leq x} \quad \text{et} \quad F(x) = \mathbb{P}(X_0 \leq x).$$

La fonction de répartition empirique ainsi définie correspond au processus empirique indexé par les quadrants inférieurs gauches. On définit alors le pont empirique ν_n sur $\mathbb{R}^d$ à partir de F_n comme auparavant. Le problème de la convergence uniforme vers un processus gaussien se pose dans les mêmes termes. Nous allons montrer dans cette section comment le lemme 7.1 peut être utilisé pour obtenir un TLC fonctionnel.

Théorème 7.3. *Soit $(X_i)_{i \in \mathbb{Z}}$ une suite stationnaire de variables aléatoires à valeurs dans $\mathbb{R}^d$. On suppose que les fonctions de répartition F_i des lois des composantes de X_0 sont continues. Si la condition (i) du théorème 7.2 est satisfaite, alors il existe un processus gaussien G à trajectoires presque sûrement uniformément continues sur $\mathbb{R}^d$ muni de la pseudométrique*

$$d(x,y) = \sup_{i \in [1,d]} |F_i(x_i) - F_i(y_i)|$$

(ici $x = (x_1, \ldots x_d)$ et de même pour y) et tel que ν_n converge en loi vers G dans $B(\mathbb{R})$.

Preuve. Nous pouvons nous ramener à des variables Y_i à valeurs dans $[0,1]^d$ à l'aide de la transformation produit $(x_1, \ldots, x_d) \longrightarrow (y_1, \ldots, y_d) = (F_1(x_1), \ldots, F_d(x_d))$. les variables Y_i ainsi définies ont pour lois marginales la loi uniforme sur $[0,1]$. Nous supposerons donc dans la suite que les variables X_i sont à valeurs dans $[0,1]^d$ et ont pour lois marginales la loi uniforme sur $[0,1]$. La distance d considérée est alors la distance associée à

$\|\cdot\|_\infty$. De nouveau les résultats du chapitre 4 assurent que la convergence fidi vers un processus gaussien de covariance définie par (7.11) a lieu. Il nous reste à établir l'équicontinuité stochastique.

Proposition 7.3. *Posons* $\Pi_K(x) = (2^{-K}[2^K x_1], \ldots, 2^{-K}[2^K x_d])$ *pour* $x = (x_1, \ldots x_d)$ *élément du cube unité. Alors, sous les hypothèses du théorème 7.3,*

$$\lim_{K \to \infty} \limsup_{n \to \infty} \mathbb{E}^* \left(\sup_{x \in [0,1]^d} |\nu_n(x) - \nu_n(\Pi_K(x))| \right) = 0.$$

Preuve. Soit N l'entier naturel tel que $2^{N-1} < n \leq 2^N$. Clairement

$$\nu_n(x) = \nu_n(x) - \nu_n(\Pi_N(x)) + \nu_n(\Pi_N(x)).$$

Par conséquent

$$(7.23) \quad \sup_{x \in [0,1]^d} |\nu_n(x) - \nu_n(\Pi_K(x))| \leq \sup_{x \in [0,1]^d} |\nu_n(\Pi_N(x)) - \nu_n(\Pi_K(x))| + R_N$$

avec

$$R_N = \sup_{x \in [0,1]^d} |\nu_n(x) - \nu_n(\Pi_N(x))|.$$

Majorons R_N. Puisque

$$F(x) - F((\Pi_N(x)) \leq \sum_{i=1}^d (F_i(x_i) - F((\Pi_N(x_i))) \leq d2^{-N},$$

nous avons

$$-d\sqrt{n}\,2^{-N} \leq \nu_n(x) - \nu_n(\Pi_N(x)) \leq \sqrt{n}(F_n(x) - F_n(\Pi_N(x))).$$

Pour i dans $[1, d]$ notons $F_{n,i}$ la i-ème fonction de répartition empirique marginale, définie par

$$F_{n,i}(x) = F_n(1, \ldots, 1, x, 1, \ldots)$$

et $\nu_{n,i}$ le pont empirique univarié associé. Comme

$$[0, x] \setminus [0, \Pi_N(x)] \subset \bigcup_{i=1}^d [0, 1]^{i-1} \times [\Pi_N(x_i), \Pi_N(x_i) + 2^{-N}] \times [0, 1]^{d-i},$$

nous obtenons

$$F_n(x) - F_n(\Pi_N(x)) \leq \sum_{i=1}^d \Big(F_{n,i}(\Pi_N(x_i) + 2^{-N}) - F_{n,i}(\Pi_N(x_i)) \Big).$$

De ces majorations nous tirons

$$|\nu_n(x) - \nu_n(\Pi_N(x))| \leq d\sqrt{n}\,2^{-N} + \sum_{i=1}^{d} |\nu_{n,i}(\Pi_N(x_i) + 2^{-N}) - \nu_{n,i}(\Pi_N(x_i))|.$$

Nous sommes donc ramenés au cas unidimensionnel et nous pouvons alors appliquer le lemme 7.1 avec $L = N$. Par conséquent

$$(7.24) \qquad \mathbb{E}(|R_N|) \leq dn^{-1/2} + dC_0 2^{-N/\theta}.$$

Pour majorer le terme principal, nous utilisons la décomposition usuelle d'un rectangle en une réunion de rectangles dyadiques. Soit $x = (x_1, \ldots, x_d)$ un élément du cube cunité dont toutes les coordonnées sont des multiples entiers de 2^{-N}. Pour i dans $[1, d]$,

$$]0, x_i] = \bigcup_{L_i = 1}^{N}]\Pi_{L_i-1}(x_i), \Pi_{L_i}(x_i)].$$

Donc, en effectuant le produit,

$$]0, x] = \bigcup_{L \in [1, N]^d} \prod_{i=1}^{d}]\Pi_{L_i-1}(x_i), \Pi_{L_i}(x_i)].$$

Il en résulte que

$$(7.25) \qquad]0, \Pi_N(x)] \backslash]0, \Pi_K(x)] = \bigcup_{\substack{L \in [1, N]^d \\ L \notin [1, K]^d}} \prod_{i=1}^{d}]\Pi_{L_i-1}(x_i), \Pi_{L_i}(x_i)].$$

Notation 7.1. Pour L multientier, posons $\Delta_L = \sup\limits_{S \in \mathcal{D}_L} |Z_n(S)|$, où $\mathcal{D}_L$ est la classe des boites dyadiques incluses dans le cube unité et de la forme $\prod_{i=1}^{d}](k_i - 1)2^{-L_i}, k_i 2^{-L_i}]$ (ici $L = (L_1, \ldots, L_d)$ et $k = (k_1, \ldots, k_d)$ est un multientier).

Avec ces notations,

$$(7.26) \qquad \Delta = \sup_{x \in [0,1]^d} |\nu_n(\Pi_N(x)) - \nu_n(\Pi_K(x))| \leq \sum_{\substack{L \in [1, N]^d \\ L \notin [1, K]^d}} \Delta_L.$$

Fixons L et considérons une composante i telle que $L_i = \max(L_1, \ldots, L_d)$. Pour simplifier les notations, supposons par exemple que $i = 1$. Soit M

entier dans $[1, L_1]$, et, pour k dans $[1, 2^M]$, soit J_k l'ensemble des boites dyadiques de $\mathcal{D}_L$ incluses dans la bande $(k-1)2^{-M} < x_1 \leq k2^{-M}$.

Reprenons la méthode de symétrisation utilisée pour montrer le lemme 7.1: l'inégalité (7.17) est encore vraie, et, comme

$$\left| \sum_{S \in J_k} \varepsilon_i \mathbb{1}_S \right| = \mathbb{1}_{x_1 \in I_{M,k}},$$

l'inégalité (7.18) reste vraie, puisque les composantes des variables X_i sont de loi uniforme sur $[0,1]$. Comme dans la section 7.4, on prend alors $r = 4a/(a-1)$, ce qui donne l'analogue suivant de (7.20): pour M dans $[1, \max(L_1, \ldots, L_d)]$,

$$(7.27) \quad \mathbb{P}(|\Delta_L| \geq 4\lambda) \leq C \min(1, 2^{-M}\lambda^{-r}) + C \min(1, 2^M n^{(1-a)/2}\lambda^{-a-1}).$$

Posons $|L|_\infty = \max(L_1, \ldots, L_d)$ et choisissons $M = [\,|L|_\infty/r]$. Puisque $n \geq 2^{N-1} \geq 2^{|L|_\infty - 1}$, ce choix de M donne, après intégration, l'inégalité analogue de (7.22) suivante:

$$(7.28) \qquad\qquad \mathbb{E}(|\Delta_L|) \leq 32C2^{-|L|_\infty/\theta},$$

où $\theta = r^2$. Donc, par (7.23), (7.24) et (7.26) et (7.28),

$$\mathbb{E}^* \left(\sup_{x \in [0,1]^d} |\nu_n(x) - \nu_n(\Pi_K(x))| \right) \leq d \Big(32C \sum_{J \in]K,N]} J^d 2^{-J/\theta}$$

$$(7.29) \qquad\qquad\qquad\qquad + C_0 2^{-N/\theta} + n^{-1/2} \Big),$$

ce qui entraîne la proposition 7.3. ∎

8. PROCESSUS EMPIRIQUES INDEXÉS PAR DES CLASSES DE FONCTIONS

8.1. Introduction

Dans cette section, nous étudions les processus empiriques indexés par des classes de fonctions ou de parties. Dans la section 8.2, nous regardons des familles convexes de fonctions plongées dans des espaces de fonctions régulières. Pour obtenir le TLC fonctionnel, les conditions portent alors sur des propriétés de plongement hilbertien pour les convexes issus d'espaces de Sobolev, ou sur des plongements L^p pour les classes plus générales telles que les espaces de Besov. La théorie de l'approximation [voir DeVore et Lorentz (1993)] est ici essentielle pour ramener le module de continuité du processus à la variance d'une somme de variables. Dans le théorème 8.1, nous montrons sur un exemple comment fonctionnent ces techniques. Le résultat obtenu est proche des résultats de Doukhan, León et Portal (1987) ou de Massart (1987) pour les classes de fonctions concentrées à plat. La sommabilité des coefficients de mélange est ici suffisante pour obtenir le TLC fonctionnel. Notons cependant que les classes considérées dans le théorème 8.1 sont des compacts de $L^\infty(P)$ muni de la métrique uniforme, ce qui restreint les applications. Nous étudions donc en fin de section le cas où la classe considérée n'est pas compacte dans $L^\infty(P)$.

Dans la section 8.3, nous étudions les processus empiriques absolument réguliers. Pour ces processus, des résultats récents de Arcones et Yu (1994) et de Doukhan et al. (1995) montrent comment obtenir des extensions des résultats classiques de Pollard (1982) et de Ossiander (1987) pour les variables indépendantes à l'aide de techniques de couplage. Par exemple, pour des classes de fonctions bornées ou de parties dont la dimension d'entropie est finie, la condition de β-mélange $\beta_n = O(n^{-b})$ pour un $b > 1$ est suffisante pour le TLC fonctionnel. Nous montrons ici un théorème qui s'applique sous la condition de mélange minimale $\sum_{i>0} \beta_i < \infty$. La différence avec les travaux antérieurs réside dans l'emploi du théorème de couplage maximal de Goldstein (1979). Nous obtenons alors comme corollaire le TLC fonctionnel pour la fonction de répartition empirique multivariée sous la condition $\sum_{i>0} \beta_i < \infty$, ce qui achève le chapitre.

8.2. Classes convexes de fonctions régulières

Dans cette section, nous allons regarder certaines classes convexes de fonctions pour lesquelles le TLC fonctionnel pour la mesure empirique s'obtient facilement. Nous ne donnerons pas ici de théorie générale; nous traiterons uniquement l'exemple des espaces de Lipschitz généralisés, introduits par Zygmund dans un cas particulier, dont nous allons maintenat rappeler la définition ainsi que quelques propriétés élémentaires. Nous renvoyons aux livres de Devore et Lorentz (1993) et de Meyer (1990) pour plus de détails. Pour définir ces espaces, nous devons d'abord introduire la notion de module de régularité.

Définition 8.1. Soit T_h l'opérateur de décalage qui envoie la fonction f sur la fonction $T_h f$ définie par $T_h f(x) = f(x + h)$. On pose

$$\Delta_h^r(f, x) = (T_h - T_0)^r f(x).$$

Soit p dans $[1, +\infty]$. Si I est un sous-intervalle fermé de $\mathbb{R}$ et f est dans l'espace $L^p(I)$, on définit le module de régularité d'ordre r de f par

$$\omega_r(f, t)_p = \sup_{h \in]0,t]} \left(\int_{I_{rh}} |\Delta_h^r(f, x)|^p dx \right)^{1/p},$$

où I_{rh} est l'intervalle fermé d'extrémités $\inf I$ et $\sup I - rh$.

Nous pouvons maintenant définir les espaces de Lipschitz généralisés d'ordre s.

Définition 8.2. Soit $s > 0$ et $r = [s] + 1$. On note $\text{Lip}^*(s, p, I)$ l'espace des fonctions f de $L^p(I)$ telles que,

$$\left(\int_{I_{rh}} |\Delta_h^r(f, x)|^p dx \right)^{1/p} \leq M h^s \quad \text{pour tout} \quad h > 0,$$

pour une constante positive M. On considère sur cet espace la semi-norme

$$|f|_{\text{Lip}^*(s,p)} = \sup_{t > 0} t^{-s} \omega_r(f, t)_p$$

et on le munit de la norme $\|f\|_{\text{Lip}^*(s,p)} = |f|_{\text{Lip}^*(s,p)} + \|f\|_p$. On note $B(s, p, I)$ la boule unité de cet espace normé.

Remarque 8.1. Pour $p = 2$, l'espace $\text{Lip}^*(s, 2, \mathbb{R})$ contient l'espace de Sobolev d'indice de régularité s. Quand $s = 1$ et $p = \infty$, l'espace

Lip$^*(1, \infty, I)$ est l'espace de Zygmund $Z(I)$ des fonctions f telles que
$|f(x+2t) - 2f(x+t) + f(x)| \leq Mt$. Cet espace contient l'espace Lip$(1, \infty, I)$
des fonctions lipschitziennes sur I.

Pour montrer l'équicontinuité asymptotique de processus empiriques indexés par les boules de ces espaces de fonctions, il est commode d'utiliser la
caractérisation de ces espaces à l'aide de bases orthonormées d'ondelettes.
Nous renvoyons à Meyer (1990, tome 1, pages 196-198) pour un exposé
précis des résultats qui suivent. Pour plus de généralité, nous allons nous
placer dans $\mathbb{R}^d$.

Pour j entier naturel, on considère $\Lambda_j = 2^{-j-1}\mathbb{Z}^d \setminus 2^{-j}\mathbb{Z}^d$. On pose
$\Lambda = \cup_{j \in \mathbb{N}} \Lambda_j \bigcup \mathbb{Z}^d$. On part d'une analyse multirésolution de régularité
d'ordre $r = 1 + [\alpha]$, et on désigne par ψ_λ les ondelettes à support com-
pact correspondantes, qui sont indexées par l'ensemble Λ. Les ondelettes
$\{\psi_\lambda : \lambda \in \Lambda_j\}$ forment une base orthonormée de W_j qui est le complément
orthogonal de V_j dans V_{j+1}. Si la fonction père est notée φ, l'espace V_0
a pour base orthonormée le système de fonctions $\varphi_\lambda(x) = \varphi(x - \lambda)$ où λ
décrit $\mathbb{Z}^d$. Par commodité, nous poserons $\psi_\lambda = \varphi_\lambda$ quand λ est dans $\mathbb{Z}^d$.

Toute fonction f de $L^2(\mathbb{R}^d)$ admet le développement suivant:

$$(8.1) \qquad f = \sum_{\lambda \in \mathbb{Z}^d} a_\lambda \varphi_\lambda + \sum_{j=0}^{\infty} \sum_{\lambda \in \Lambda_j} a_\lambda \psi_\lambda = \sum_{\lambda \in \Lambda} a_\lambda \psi_\lambda.$$

Rappelons maintenant la caractérisation des espaces Lip$^*(s, p, \mathbb{R}^d)$ par les
modules des coefficients d'ondelettes. Par analogie à la définition 8.2 nous
noterons $B(s, p, \mathbb{R}^d)$ la boule unité de l'espace de Lipschitz Lip$^*(s, p, \mathbb{R}^d)$.

Proposition 8.1. *Pour f dans* Lip$^*(s, p)$, *posons*

$$\|f\|_{ond} = \Big(\sum_{\lambda \in \mathbb{Z}^d} |a_\lambda|^p\Big)^{1/p} \bigvee \sup_{j \in \mathbb{N}} \Big[\Big(\sum_{\lambda \in \Lambda_j} |a_\lambda|^p\Big)^{1/p} 2^{js + jd/2 - jd/p}\Big].$$

Alors $\| \cdot \|_{ond}$ *est une norme équivalente à* $\| \cdot \|_{\text{Lip}^*(s,p)}$ *sur* Lip$^*(s, p, \mathbb{R}^d)$.

Rappelons maintenant le lemme suivant, qui permet de comparer ces
espaces entre eux.

Lemme 8.1. *Soit K un ensemble d'indices fini ou dénombrable et $(a_k)_{k \in K}$
une famille de réels positifs. Alors, pour tout couple (p, q) de réels strictement positifs tel que $q > p$,*

$$\Big(\sum_{k \in K} a_k^q\Big)^{1/q} \leq \Big(\sum_{k \in K} a_k^p\Big)^{1/p}.$$

Il résulte du lemme 8.1 que, pour p dans $[1,2]$,

$$(8.2) \quad \Big(\sum_{\lambda \in \Lambda_j} a_\lambda^2 \Big)^{1/2} \leq \|f\|_{ond} 2^{j(d/p-s-d/2)} \quad \text{et} \quad \Big(\sum_{\lambda \in \mathbb{Z}^d} a_\lambda^2 \Big)^{1/2} \leq \|f\|_{ond}.$$

Donc, pour $s/d > (1/p) - (1/2)$, l'injection canonique de $B(s,p,\mathbb{R}^d)$ dans $L^2(\mathbb{R}^d)$ est compacte.

Théorème 8.1. *Soit $(X_i)_{i \in \mathbb{Z}}$ une suite stationnaire de variables aléatoires à valeurs dans $\mathbb{R}^d$. Supposons que les coefficients $(\alpha_k)_{k \geq 0}$ définis par (1.20) satisfont $\sum_{k \geq 0} \alpha_k < \infty$. Soit p dans $[1,2]$ et $s > d/p$. On considère la classe de fonctions $\mathcal{F} = B(s,p,\mathbb{R}^d)$ muni de la distance usuelle de $L^2(\mathbb{R}^d)$. Alors le processus empirique normalisé $\{Z_n(f) : f \in \mathcal{F}\}$ satisfait la condition (ii) d'équicontinuité stochastique du théorème 7.1.*

Preuve. Soit $M > 0$ entier fixé et

$$\Lambda_j(M) = \Lambda_j \cap [-M, M]^d, \ \Lambda(M) = \Big[\mathbb{Z}^d \cap [-M, M]^d \Big] \bigcup \Big[\bigcup_{j \in \mathbb{N}} \Lambda_j(M) \Big].$$

pour tout fonction $f = \sum_{\lambda \in \Lambda} a_\lambda \psi_\lambda$ dans $L^2(\mathbb{R}^d)$, on pose

$$\Pi_M f = \sum_{\lambda \in \Lambda(M)} a_\lambda \psi_\lambda.$$

Alors L'opérateur Π_M est un projecteur orthogonal de rang fini de $L^2(\mathbb{R}^d)$, et de plus, ce projecteur envoie $\mathcal{F}$ dans $\mathcal{F}$. Pour montrer l'équicontinuité stochastique, nous allons d'abord approcher $Z_n(f)$ par $Z_n(\Pi_M f)$. Soient f et g éléments de $\mathcal{F}$ tels que $\|f - g\|_2 \leq \varepsilon$. Clairement

$$|Z_n(f-g)| \leq |Z_n(f - \Pi_M f)| + |Z_n(g - \Pi_M g)| + |Z_n(\Pi_M f - \Pi_M g)|.$$

Donc, par l'inégalité triangulaire

$$\Big\| \sup_{\substack{(f,g) \in \mathcal{F} \times \mathcal{F} \\ \|f-g\|_2 \leq \varepsilon}} |Z_n(f-g)| \Big\|_2 \leq 2 \Big\| \sup_{f \in \mathcal{F}} |Z_n(f - \Pi_M f)| \Big\|_2$$

$$(8.3) \hspace{6cm} + \Big\| \sup_{\|f\|_2 \leq \varepsilon} |Z_n(\Pi_M f)| \Big\|_2.$$

Regardons d'abord le premier terme du majorant:

$$|Z_n(f - \Pi_M f)| \leq \Big| \sum_{\substack{\lambda \in \mathbb{Z}^d \\ \|\lambda\|_\infty > M}} a_\lambda Z_n(\psi_\lambda) \Big| + \Big| \sum_{\substack{\lambda \in \Lambda_j \\ \lambda \notin \lambda_j(M)}} a_\lambda Z_n(\psi_\lambda) \Big|$$

$$\leq \Big(\sum_{\lambda \in \mathbb{Z}^d} a_\lambda^2 \Big)^{1/2} \Big(\sum_{\substack{\lambda \in \mathbb{Z}^d \\ \|\lambda\|_\infty > M}} Z_n^2(\psi_\lambda) \Big)^{1/2}$$

$$(8.4) \hspace{2cm} + \sum_{j=0}^{\infty} \Big(\sum_{\lambda \in \Lambda_j} a_\lambda^2 \Big)^{1/2} \Big(\sum_{\substack{\lambda \in \Lambda_j \\ \lambda \notin \lambda_j(M)}} Z_n^2(\psi_\lambda) \Big)^{1/2}$$

par l'inégalité de Cauchy-Schwarz. Donc, en appliquant (8.2) suivi de la proposition 8.1,

$$\left(\mathbb{E}\big(\sup_{f\in\mathcal{F}} Z_n^2(f-\Pi_M f)\big)\right)^{1/2} \leq C\Big(\sum_{\substack{\lambda\in\mathbb{Z}^d \\ \|\lambda\|_\infty > M}} \mathbb{E}(Z_n^2(\psi_\lambda))\Big)^{1/2}$$

$$(8.5) \qquad\qquad\qquad + C\sum_{j=0}^\infty 2^{j(d/p-s)}\Big(\sum_{\substack{\lambda\in\Lambda_j \\ \lambda\notin\lambda_j(M)}} 2^{-jd}\mathbb{E}(Z_n^2(\psi_\lambda))\Big)^{1/2}$$

pour une constante positive C.

Appliquons la méthode de symétrisation de la preuve du théorème 1.3. Si $(\varepsilon_\lambda)_{\lambda\in\Lambda}$ est une famille de signes symétriques indépendants, indépendante de la suite $(X_i)_{i\in\mathbb{Z}}$, alors

$$(8.6) \qquad \sum_{\lambda\in\Lambda_j\setminus\lambda_j(M)} 2^{-jd}\mathbb{E}(Z_n^2(\psi_\lambda)) = \mathbb{E}\Big(Z_n^2\Big(\sum_{\lambda\in\Lambda_j\setminus\lambda_j(M)} 2^{-jd/2}\varepsilon_\lambda\psi_\lambda\Big)\Big).$$

Conditionnons par la tribu engendrée par la famille $(\varepsilon_\lambda)_{\lambda\in\Lambda}$. Comme les ondelettes considérées sont à support compact, il existe une constante K telle que

$$\sum_{\lambda\in\Lambda_j\setminus\lambda_j(M)} 2^{-jd/2}|\psi_\lambda(x)| \leq K\,\mathbb{I}_{x\notin[K-M,M-K]^d}$$

pour tout x dans $\mathbb{R}^d$. Par conséquent, si P désigne la loi de X_0, alors pour toute famille (ε_λ) de signes, la fonction de quantile de

$$\Big(\sum_{\lambda\in\Lambda_j\setminus\lambda_j(M)} 2^{-jd/2}\varepsilon_\lambda\psi_\lambda(X_0)\Big)^2$$

est majorée par

$$K^2\,\mathbb{I}_{[0,\,\mathbb{P}(\|X_0\|_\infty > M-K)]}.$$

Donc, par (8.6) et (b) du corollaire 1.2,

$$\sum_{\lambda\in\Lambda_j\setminus\lambda_j(M)} 2^{-jd}\mathbb{E}(Z_n^2(\psi_\lambda)) \leq 4K^2\sum_{k=0}^{n-1}\inf(\mathbb{P}(\|X_0\|_\infty > M-K),\alpha_k).$$

La même majoration vaut pour l'échelle V_0, et donc

$$\left(\mathbb{E}\big(\sup_{f\in\mathcal{F}} Z_n^2(f-\Pi_M f)\big)\right)^{1/2} \leq$$

$$4CK\sum_{j=0}^\infty 2^{j(d/p-s)}\Big(\sum_{k=0}^{n-1}\inf(\mathbb{P}(\|X_0\|_\infty > M-K),\alpha_k)\Big)^{1/2}.$$

Pour $s > d/p$, nous avons donc établi l'existence d'une constante C_s telle que

$$(8.7) \quad \mathbb{E}\left(\sup_{f \in \mathcal{F}} Z_n^2(f - \Pi_M f)\right) \leq K^2 C_s \sum_{k=0}^{n-1} \inf(\mathbb{P}(\|X_0\|_\infty > M - K), \alpha_k).$$

Regardons le second terme du majorant dans (8.3): par l'inégalité de Cauchy-Schwarz,

$$\sup_{\|f\|_2 \leq \varepsilon} Z_n^2(\Pi_M f) \leq \varepsilon^2 \sum_{\lambda \in \Lambda(M)} Z_n^2(\psi_\lambda).$$

En procédant échelle par échelle et en sommant, il est facile de montrer que

$$(8.8) \quad \sum_{\lambda \in \Lambda(M)} \mathbb{E}(Z_n^2(\psi_\lambda)) \leq 8 K^2 2^{Md} \sum_{k=0}^{n-1} \alpha_k,$$

ce qui assure que

$$(8.9) \quad \mathbb{E}\left(\sup_{\|f\|_2 \leq \varepsilon} Z_n^2(\Pi_M f)\right) \leq 8 K^2 2^{Md} \varepsilon^2 \sum_{k=0}^{n-1} \alpha_k.$$

Le théorème 8.1 résulte alors de (8.3), (8.7) et (8.9). ∎

Du théorème 8.1 nous déduisons le TLC fonctionnel suivant.

Corollaire 8.1. *Soit $(X_i)_{i \in \mathbb{Z}}$ une suite stationnaire et ergodique de variables aléatoires à valeurs dans $\mathbb{R}^d$. On suppose que les coefficients de mélange fort $(\alpha_k)_{k \geq 0}$ définis par (2.30) satisfont la condition $\sum_{k \geq 0} \alpha_k < \infty$.*

Soit p dans $[1, 2]$ et $s > d/p$. On considère $\mathcal{F} = B(s, p, \mathbb{R}^d)$. Alors il existe un processus gaussien G à trajectoires presque sûrement uniformément continues sur $\mathcal{F}$ muni de la pseudométrique

$$d(f, g) = \left(\int_{\mathbb{R}^d} (f(x) - g(x))^2 dx\right)^{1/2}$$

tel que $\{Z_n(f) : f \in \mathcal{F}\}$ converge en loi vers G au sens du théorème 7.1.

Il peut sembler surprenant que pour toutes les lois marginales possibles, la convergence ait lieu pour la métrique induite par $L^2(\mathbb{R}^d)$. Ceci est dû aux propriétés de compacité de la classe $\mathcal{F}$ pour la métrique uniforme (voir Birgé et Massart (1996), proposition 2 pour plus de détails). Quand $s < d/p$, l'espace $\mathrm{Lip}^*(s, p, \mathbb{R}^d)$ ne se plonge plus dans l'espace des fonctions uniformément bornées muni de la norme uniforme. Il semble alors difficile d'obtenir l'équicontinuité stochastique du processus empirique normalisé, ceci même pour des observations indépendantes. ∎

8.3. Couplage maximal et classes de fonctions à entropie avec crochets.

Dans cette section, nous considérons le processus empirique Z_n associé à une suite stationnaire et absolument régulière $(X_i)_{i \in \mathbb{Z}}$ de variables aléatoires à valeurs dans un espace polonais $\mathcal{X}$, de loi marginale P. Nous supposons que les coefficients de β-mélange forment une suite sommable. Nous donnons dans cette section une extension aux suites absolument régulières du TLC fonctionnel de Dudley (1978) pour les classes de fonctions uniformément bornées et d'entropie avec crochets dans $L^1(P)$ intégrable. Grâce au lemme de couplage maximal de Goldstein (1979), nous construisons une mesure positive Q sur $\mathcal{X}$ absolument continue par rapport à P ayant la propriété remarquable suivante: si l'on considère une classe $\mathcal{F}$ de fonctions uniformément bornées, le processus empirique $\{Z_n(f) : f \in \mathcal{F}\}$ satisfait un TLC fonctionnel dès que l'entropie avce crochets de $\mathcal{F}$ dans $L^1(Q)$ est intégrable.

Définition 8.3. Soit $(X_i)_{i \in \mathbb{Z}}$ une suite de variables aléatoires à valeurs dans un espace polonais. Les coefficients de β-mélange $(\beta_n)_{n \geq 0}$ sont définis par $\beta_0 = 1$ et

$$(8.10) \qquad \beta_n = \sup_{k \in \mathbb{Z}} \beta(\mathcal{F}_k, \mathcal{G}_{k+n}) \quad \text{pour } n > 0,$$

avec les notations de la section 2.1.

Rappelons la notion d'entropie avec crochets ainsi que le théorème de Dudley pour les suites de variables aléatoires indépendantes.

Définition 8.4. Soit (V, d) un espace métrique et

$$N(\delta, V, d) = \min\{n \in \mathbb{N} \ : \ \exists \ S_n = \{x_1, ..., x_n\} \subset S \text{ tel que}$$
$$d(x, S_n) \leq \delta \text{ pour tout } x \in S\}.$$

La fonction d'entropie $H(\delta, V, d)$ sera ici le logarithme de $N(\delta, V, d) \vee 2$.

Dudley (1967) a donné un critère de continuité uniforme des processus gaussiens faisant intervenir la fonction d'entropie: quand V est une partie compacte d'un espace de Hilbert et d est la métrique induite par la norme hilbertienne, alors un processus gaussien B ayant pour covariance le produit scalaire de l'espace de Hilbert admet une version p.s. uniformément continue quand

$$(8.11) \qquad \int_0^1 \sqrt{H(x, V, d)} dx < \infty.$$

Pour obtenir la tension des processus empiriques, les conditions d'entropie sont insuffisantes. Ceci a motivé l'introduction de notions plus fortes telle que l'entropie à crochets.

Définition 8.5. Soit V un sous-espace vectoriel de l'espace des fonctions numériques sur $(\mathcal{X}, P)$. Supposons qu'il existe une application $\Lambda : V \to \mathbb{R}^+$ telle que, pour toute f et toute g dans V,

$$(8.12) \qquad |f| \leq |g| \text{ implique } \Lambda(f) \leq \Lambda(g).$$

Soit $\mathcal{F} \subset V$. Si $f \leq g$, l'ensemble $[f, g]$ des fonctions h telles que $f \leq h \leq g$ est appelé intervalle de fonctions. Le diamètre de $[f, g]$ est $\Lambda(g - f)$ par définition. La classe $\mathcal{F}$ est dite totalement bornée avec crochets si pour tout $\delta > 0$, il existe une famille finie $S(\delta)$ d'intervalles de fonctions de V de diamètre au plus δ telle que

$$(8.13) \qquad \text{pout toute } h \in \mathcal{F}, \text{ il existe } [g, h] \in S(\delta) \text{ tel que } h \in [f, g].$$

La fonction nombre de recouvrement en intervalles $\mathcal{N}_{[]}(\delta, \mathcal{F})$ de $\mathcal{F} \subset (V, \Lambda)$ est le plus petit cardinal des familles $S(\delta)$. On définit l'entropie avec crochets par

$$H_{[]}(\delta, \mathcal{F}, \Lambda) = \log \mathcal{N}_{[]}(\delta, \mathcal{F}) \vee 2.$$

Quand Λ est une norme et d_λ la distance associée,

$$(8.14) \qquad H(\delta, \mathcal{F}, d_\Lambda) \leq H_{[]}(2\delta, \mathcal{F}, \Lambda).$$

Le seul exemple simple pour lequel les fonctions d'entropie et d'entropie à crochets sont équivalentes est celui où

$$(8.15) \qquad \Lambda(f) = \|f\|_\infty = \sup_{x \in \mathcal{X}} |f(x)|.$$

Alors les boules de centre f et de rayon δ sont des intervalles de fonctions de la forme $[f - \delta, f + \delta]$. Inversement un intervalle $[f, g]$ de fonctions de diamètre moindre que 2δ est inclus dans la boule de centre $(f + g)/2$ et de rayon δ. Par conséquent

$$(8.16) \qquad H_{[]}(2\delta, \mathcal{F}, \|\cdot\|_\infty) = H(\delta, \mathcal{F}, \|\cdot\|_\infty).$$

Donnons l'énoncé du théorème d'Ossiander (1987) pour les suites de variables indépendantes et l'entropie à crochets. Dans le cas i.i.d., quand f est une fonction de $L^2(P)$,

$$(8.17) \qquad \operatorname{Var} Z_n(f) = \int f^2 dP - \left(\int f dP \right)^2.$$

Par conséquent, si $\mathcal{F}$ est une classe de fonctions de $L^2(P)$, les marginales de dimension finie de $\{Z_n(f) : f \in \mathcal{F}\}$ convergent vers celles d'un processus gaussien continu dès que

$$(8.18) \qquad \int_0^1 \sqrt{H(x, \mathcal{F}, d_P)} dx < \infty,$$

où d_P est l'écart hilbertien défini par

$$(8.19) \qquad d_P^2(f, g) = \int (f - g)^2 dP - \left(\int (f - g) dP \right)^2.$$

Cette distance est majorée par la distance usuelle de $L^2(P)$. Cette condition ne suffit pas pour obtenir léquicontinuité stochastique de Z_n. Par contre l'analogue de cette condition pour l'entropie avec crochets suffit, comme l'a montré Ossiander (1987).

Théorème 8.3. *Soit* $(X_i)_{i \in \mathbb{Z}}$ *une suite de variables indépendantes de loi* P *et* $\mathcal{F}$ *une classe de fonctions de* $L^2(P)$. *Si* $\mathcal{F}$ *est totalement bornée avec crochets dans* $L^2(P)$ *et si l'entropie avec crochets* $H_{2,P}(\delta, \mathcal{F})$ *de* $\mathcal{F}$ *dans* $L^2(P)$ *satisfait*

$$(8.20) \qquad \int_0^1 \sqrt{H_{2,P}(x, \mathcal{F})} dx < \infty,$$

alors Z_n *satisfait le TLC fonctionnel.*

Ce théorème d'Ossiander (1987) étend un théorème de Dudley (1978) obtenu pour des classes de fonctions uniformément bornées plongées dans $L^1(P)$. Nous renvoyons à Andersen et al. (1988) pour des résultats plus précis sur la convergence faible des processus empiriques asssociés à des observations indépendantes. Dans Doukhan et al. (1995), nous avons obtenu l'extension suivante du théorème d'Ossiander aux suites $(X_i)_{i \in \mathbb{Z}}$ stationnaires et β-mélangeantes. Si f est une fonction numérique, on pose $Q_f = Q_{f(X_0)}$ et on définit une nouvelle norme par

$$(8.21) \qquad \|f\|_{2,\beta} = \left(\int_0^1 \beta^{-1}(u) Q_f^2(u) du \right)^{1/2}.$$

Cette norme satisfait (8.12) et on peut donc considérer l'entropie avec crochets d'une classe $\mathcal{F}$ de fonctions incluse dans l'espace vectoriel $L_{2,\beta}(P)$ des fonctions f telles que $\|f\|_{2,\beta} < \infty$. Pour que la classe $\mathcal{F}$ satisfasse un TLC fonctionnel, il suffit que

$$(8.22) \qquad \int_0^1 \sqrt{H_{2,\beta}(x, \mathcal{F})} dx < \infty,$$

où $H_{2,\beta}$ désigne l'entropie avec crochets de $\mathcal{F}$ dans $L_{2,\beta}(P)$ (voir Doukhan et al. (1995), théorème 1).

Appliquons le théorème de Doukhan et al. dans le cas borné. Si $\mathcal{F}$ est une classe de fonctions à valeurs dans $[-1, 1]$, alors la convergence fidi vers un vecteur gaussien a lieu dès que la suite des coefficients de β-mélange est sommable. Par contre, la condition (8.22), qui implique l'équicontinuité stochastique de Z_n (voir Doukhan et al. (1995) théorème 3) n'est pas forcément satisfaite, même pour de petites classes de parties telles que la classe des quadrants. En fait, le critère de Doukhan et al. implique le TLC fonctionnel sous la condition minimale $\sum \beta_i < \infty$ seulement quand

$$(8.23) \qquad \int_0^1 \sqrt{H(x, \mathcal{F}, \|\cdot\|_\infty)}\, dx < \infty.$$

En effet $\|f\|_{2,\beta} \leq \|f\|_\infty \|\beta^{-1}\|_1$ de sorte que (8.23) implique (8.22). Dans tous les autres cas, la sommabilité des coefficients de mélange est insuffisante: par exemple, quand $\mathcal{F}$ est la classe des quadrants ou la classe des boules euclidiennes (i.e. les fonctions indicatrices de ces parties), la condition (8.22) n'est remplie que si

$$(8.24) \qquad \sum_{n \geq 2} n^{-1} (\log n)^{-1/2} \Big(\sum_{i \geq n} \beta_i\Big)^{1/2} < \infty.$$

Pour remédier à cet inconvénient, nous allons construire une mesure Q de la forme BP, la variable aléatoire B ayant une structure identique à celle du corollaire 1.4, telle qu'une condition sur l'entropie à crochets dans $L^1(Q)$ implique l'équicontinuité stochastique de Z_n (il semble délicat d'obtenir un bon critère avec l'entropie à crochets dans $L^2(Q)$). La définition de la mesure Q demande le théorème 5.1 de couplage maximal.

En partant de ce théorème, on peut retrouver en partie l'inégalité (a) du corollaire 1.4. Considérons une suite stationnaire et β-mélangeante de variables de loi P sur $\mathcal{X}$. En effet, pour toute fonction f bornée,

$$(8.25) \qquad \mathrm{Cov}(f(X_0), f(X_i)) = \mathbb{E}\big(f(X_0)(f(X_i) - f(X_i^*))\big)$$

par indépendance de X_0 et X_i^*. Par conséquent

$$(8.26) \qquad |\mathrm{Cov}(f(X_0), f(X_i))| \leq 2\|f\|_\infty \mathbb{E}(|f(X_i) - f(X_i^*)|).$$

Il suffit donc de majorer l'écart L^1 entre $f(X_i)$ et $f(X_i^*)$. Clairement

$$(8.27) \quad \mathbb{E}(|f(X_i) - f(X_i^*)|) \leq \mathbb{E}(|f(X_i)|\mathbb{1}_{X_i \neq X_i^*}) + \mathbb{E}(|f(X_i^*)|\mathbb{1}_{X_i \neq X_i^*}).$$

Soient b_i' et b_i^* les fonctions de $\mathcal{X}$ dans $[0, 1]$ définies par

$$(8.28) \qquad b_i'(X_i) = \mathbb{P}(X_i \neq X_i^* \mid X_i) \text{ et } b_i^*(X_i^*) = \mathbb{P}(X_i \neq X_i^* \mid X_i^*).$$

Il résulte de (8.27) que

(8.29) $\mathbb{E}(|f(X_i) - f(X_i^*)|) \leq \mathbb{E}(|f(X_i)|b_i'(X_i)) + \mathbb{E}(|f(X_i^*)|b_i^*(X_i)).$

Donc, en posant $b_i = (b_i' + b_i^*)/2$,

(8.30) $\mathbb{E}(|f(X_i) - f(X_i^*)|) \leq 2 \int_{\mathcal{X}} b_i |f| dP,$

et, par (8.26),

(8.31) $\operatorname{Var} Z_n(f) \leq \|f\|_\infty \int_{\mathcal{X}} (1 + 4b_1 + \cdots + 4b_{n-1})|f| dP.$

On définit alors la mesure Q par

(8.32) $$Q = BP = (1 + 4\sum_{i>0} b_i)P.$$

Les fonctions b_i sont à valeurs dans $[0,1]$ et de masse au plus β_i. Donc Q est une mesure positive et de masse totale finie dès que la suite des coefficients de β-mélange est sommable. Nous pouvons maintenant énoncer le théorème principal de cette section.

Théorème 8.4. *Soit $(X_i)_{i \in \mathbb{Z}}$ une suite stationnaire de variables aléatoires à valeurs dans $\mathcal{X}$ polonais, de loi marginale P et $\mathcal{F}$ une classe de fonctions mesurables de $\mathcal{X}$ dans $[-1,1]$. Supposons que la suite $(\beta_i)_{i>0}$ définie par (8.10) satisfait $\sum_{i \geq 0} \beta_i < \infty$. Soit Q la mesure positive définie par (8.37). Si $\mathcal{F}$ est totalement bornée avec crochets dans $L^1(Q)$ et si l'entropie avec crochets $H_{1,Q}(\,.\,,\mathcal{F})$ de $\mathcal{F}$ dans $L^1(Q)$ satisfait*

(8.33) $$\int_0^1 \sqrt{(H_{1,Q}(x, \mathcal{F})/x)}\, dx < \infty,$$

alors Z_n satisfait le TLC fonctionnel.

Applications du théorème 8.4. Notons d'abord que le théorème 8.4 est peu adapté à l'étude des classes de fonctions régulières. Par exemple la condition (8.23) d'entropie dans $L^\infty(P)$ n'implique pas (i).

L'intérêt du théorème 8.4 réside dans l'étude des classes de parties. Supposons que $\mathcal{F} = \{\mathbb{1}_S : S \in \mathcal{S}\}$. Alors un élément $h = \mathbb{1}_S$ de $\mathcal{F}$ est dans un intervalle de fonctions $[f, g]$ si et seulement si $(f > 0) \subset S \subset (g \geq 1)$. Les intervalles de fonctions peuvent donc être remplacés par des intervalles dont les extrémités sont des indicatrices de parties mesurables, et l'entropie avec crochets coïncide avec l'entropie avec inclusion des classes de parties (voir Dudley (1978) pour une définition de cette notion). Or si $[f, g] = [\mathbb{1}_{S^-}, \mathbb{1}_{S^+}]$, alors

$$(8.34) \qquad \|g - f\|_{1,Q} = \int_{\mathcal{X}} (\mathbb{1}_{S^+} - \mathbb{1}_{S^-}) dQ = \|g - f\|_{2,Q}^2.$$

Par conséquent, pour les classes d'indicatrices de parties, $H_{1,Q}(x^2, \mathcal{F}) = H_{2,Q}(x, \mathcal{F})$ et donc la condition (i) est équivalente à

$$(8.35) \qquad \int_0^1 \sqrt{H_{2,Q}(x, \mathcal{F})}\, dx < \infty.$$

Dans ce cas le théorème 8.4 implique le théorème 1 de Doukhan et al. (1995): en effet, d'après (1.63), $\|f\|_{2.Q} \leq 2\|f\|_{2,\beta}$. Mais dans certains cas, la condition (8.33) est plus faible que (8.22). Par exemple pour la classe des quadrants, le TLC fonctionnel est satisfait dès que $\sum_{i>0} \beta_i < \infty$, comme le montre le corollaire ci-dessous.

Corollaire 8.2. *Soit $(X_i)_{i \in \mathbb{Z}}$ une suite stationnaire de variables aléatoires à valeurs dans $\mathbb{R}^d$, satisfaisant la condition de β-mélange du théorème 8.4. On suppose que les fonctions de répartition F_j des lois des composantes de X_0 sont continues. Alors il existe un processus gaussien G à trajectoires presque sûrement uniformément continues sur $\mathbb{R}^d$ muni de la pseudométrique $d(x, y) = \sup_{j \in [1,d]} |F_j(x_j) - F_j(y_j)|$ (ici $x = (x_1, \ldots x_d)$ et de même pour y) et tel que la fonction ν_n de répartition empirique multivariée centrée et normalisée converge en loi vers G dans $B(\mathbb{R})$.*

Preuve du théorème 8.4.   Dans un premier temps, nous allons remplacer la fonction d'entropie $H_{2,Q}$ par une fonction H plus régulière à l'aide du lemme suivant.

Lemme 8.1. *Il existe une fonction décroissante H majorant la fonction d'entropie $H_{1,Q}$ telle que $x \to x^2 H(x)$ soit croissante et, pour tout v positif,*

$$(8.36) \qquad \int_0^v (H(x)/x)^{1/2} dx \leq 2 \int_0^v \sqrt{(H_{1,Q}(x, \mathcal{F})/x)}\, dx.$$

Preuve. Posons $H_{1,Q}(t, \mathcal{F}) = H_Q(t)$. Soit

$$H(x) = \sup_{t \in]0,x]} (t/x)^2 H_Q(t).$$

La fonction ainsi définie majore H_Q et possède la propriété de monotonie requise. Notons maintenant que

$$x\sqrt{H(x)} \leq \sup_{t \in]0,x]} t\sqrt{H_Q(t)} \leq \int_0^x \sqrt{H_Q(t)}\, dt.$$

Donc

$$\int_0^v (H(x)/x)^{1/2}dx \le \int_0^v \int_0^v \mathbb{1}_{t<x}\sqrt{H_Q(t)}\,x^{-3/2}dt\,dx$$

$$\le 2\int_0^v (H_Q(x)/x)^{1/2}dx$$

par le théorème de Fubini. ∎

Comme dans les théorèmes précédents, l'équicontinuité asymptotique est le point fondamental. Nous allons majorer le module de continuité de Z_n à l'aide de la fonction H du lemme 8.1. L'équicontinuité stochastique étant immédiate si la fonction d'entropie ne tend pas vers l'infini en 0, nous supposerons désormais que la fonction continue H est une surjection sur $]0, \infty[$.

Définition 8.6. Soit $\delta > 0$ et $q_0 = 2^K$ le plus petit entier puissance de 2 parmi les entiers q tels que $q^2 H(\delta) \ge n\delta$. Pour k dans $[0, K]$, on pose $q_k = q_0 2^{-k}$. Pour k dans $[1, K]$, soit δ_k l'unique solution de l'équation $q_k^2 H(\varepsilon) = n\varepsilon$. On pose $\delta_0 = \delta$.

Dans un premier temps, nous allons remplacer les variables initiales par une suite de blocs indépendants de largeur q_0 à l'aide du lemme 5.1. En appliquant récursivement le lemme 5.1, il est facile de construire une suite $(X_i^0)_{i>0}$ de variables aléatoires ayant les propriétés suivantes. Si $q = q_0$, alors

1. Pour tout $i \ge 0$, le bloc $U_i^0 = (X_{iq+1}^0, \ldots, X_{iq+q}^0)$ a même loi que $U_i = (X_{iq+1}, \ldots, X_{iq+q})$.
2. Les blocs $(U_{2i}^0)_{i\ge 0}$ sont indépendants dans leur ensemble ainsi que les blocs $(U_{2i+1}^0)_{i\ge 0}$.
3. De plus $\mathbb{P}(U_i \ne U_i^0) \le \beta_q$ pour tout $i \ge 0$.

Pour passer des variables initiales à ces variables indépendantes par blocs, nous allons montrer le lemme suivant (voir Doukhan et al. (1995), lemme 3, pour un résultat plus général) .

Lemme 8.2. *Posons*

$$S_n^0(f) = f(X_1^0) + \cdots + f(X_n^0) \quad et \quad Z_n^0(f) = n^{-1/2}(S_n^0(f) - nP(f)).$$

Alors

$$\mathbb{E}^*\left(\sup_{f\in\mathcal{F}} |Z_n(f) - Z_n^0(f)|\right) \le 2\sqrt{n}\,\beta_q.$$

Preuve. Soit $S_n(f) = f(X_1) + \cdots + f(X_n)$. Pour f élément de $\mathcal{F}$,

$$(8.37) \qquad |S_n(f) - S_n^0(f)| \le \sum_{i=1}^n |f(X_i) - f(X_i^0)| \le 2\sum_{i=1}^n \mathbb{1}_{X_i \ne X_i^0}.$$

Donc

$$(8.38) \quad \mathbb{E}^* \left(\sup_{f \in \mathcal{F}} |Z_n(f) - Z_n^0(f)| \right) \leq 2n^{-1/2} \sum_{i=1}^n \mathbb{P}(X_i \neq X_i^0) \leq 2\sqrt{n}\,\beta_q$$

grâce à la propriété 3. ∎

Pour le choix de $q = q_0$ fait dans la définition 8.6, le majorant du lemme 8.2 tend vers 0 quand n tend vers l'infini dès que $q\beta_q$ tend vers 0 à l'infini. Nous sommes donc ramenés au module de continuité de Z_n^0.

La différence essentielle avec le cas indépendant réside dans les contrôles exponentiels pour les variables $|Z_n^0(f) - Z_n^0(g)|$. Pour les variables aléatoires indépendantes, l'inégalité de Bernstein (voir annexe B) s'applique avec 1 comme borne et donc l'oscillation du processus Z_n sur des réseaux de petite maille est convenablement majorée (voir Pollard (1984) pour une description détaillée de la méthode de chaînage restreint utilisée pour majorer le module de continuité dans le cas indépendant). Par contre, pour le processus Z_n^0 obtenu dans le cas β-mélangeant, l'inégalité de Bernstein s'applique avec q_0 comme borne des sommes par blocs. Ce nombre peut être très proche de $\sqrt{n}$. Une application sans discernement de la méthode de chaînage restreint donne alors de trop grandes erreurs sur les réseaux de petite maille. Pour éviter ce problème, nous allons remplacer progressivement Z_n^0 par des processus Z_n^k associés à des suites de blocs indépendants de largeur $q_k = q_0 2^{-k}$ au fur et à mesure que nous prendrons des réseaux de maille de plus en plus petite. Nous pourrons alors utiliser l'inégalité de Bernstein avec q_k comme borne des variables à chaque étape, et obtenir ainsi la tension.

Nous devons donc construire de proche en proche des suites $(X_i^k)_{i>0}$ de variables possédant des propriétés analogues aux propriétés 1, 2 et 3 avec $q = q_k$. Pour construire ces nouvelles suites, nous allons nous placer dans un bloc $U_i^0 = (X_{iq+1}^0, \ldots, X_{iq+q}^0)$ et construire les variables $(X_{iq+1}^k, \ldots, X_{iq+q}^k)$ par induction sur k à partir du bloc initial U_i^0 et d'un stock d'innovations indépendantes de loi uniforme sur $[0,1]$. Le procédé de construction sera identique à l'intérieur de chaque bloc. Il nous suffit donc de détailler la construction effectuée dans le premier bloc.

Soit $q = q_0$. Prenons $i = 0$ et construisons la suite $(X_1^1, \ldots, X_q^1)$ à partir de U_0^0 et de variables auxiliaires. Soit $(u_i)_{i>0}$ une suite de variables indépendantes de loi uniforme sur $[0,1]$, indépendante des suites de v.a. ci-dessus. D'après le lemme de Skorohod, il existe une suite $(X_i^{0*})_{i\in\mathbb{Z}}$ ayant même loi que $(X_i)_{i\in\mathbb{Z}}$, telle que les variables de cette suite sont des fonctions mesurables de $(u_0, X_1^0, \ldots, X_q^0)$ et $(X_1^0, \ldots, X_1^q) = (X_1^{0*}, \ldots, X_q^{0*})$ p.s. En appliquant le théorème 5.1 de couplage maximal nous allons remplacer la seconde moitié de la suite $(X_1^0, \ldots, X_q^0)$ par une suite de variables ne dépendant pas des variables définies antérieurement. Appliquons le théorème 5.1

aux variables $\xi_i = X_{i-q_1}^{0*}$. Nous obtenons ainsi une suite $(\xi_i^*)_{i \in \mathbb{Z}}$ de variables aléatoires indépendante de la suite X^{0*}. La suite $(X_i^{1*})_{i \in \mathbb{Z}}$ est alors définie par $X_i^{1*} = \xi_{i+q_1}^*$ pour tout $i \in \mathbb{Z}$. Pour finir, on pose

$$(8.39) \qquad X_i^1 = X_i^0 \text{ pour } i \in [1, q_1] \text{ et } X_i^1 = X_i^{1*} \text{ pour } i \in [q_1 + 1, 2q_1].$$

Comme les suites finies $(X_i^1)_{i \in [1,q_1]}$ et $(X_{i+q_1}^1)_{i \in [1,q_1]}$ sont indépendantes et ont même loi que $(X_i^0)_{i \in [1,q_1]}$, nous pouvons reprendre ce procédé pour la suite $(X_i^1)_i$ sur les deux sous-intervalles de longueur $q_1 = q_0/2$ à l'aide de nouvelles variables auxiliaires indépendantes de toutes les variables ci-dessus. En procédant par induction, nous pouvons ainsi montrer la proposition suivante.

Proposition 8.2. *On peut construire une famille $(X_i^k)_{i>0}$ de suites de variables aléatoires par induction sur k dans $[0, K]$ ayant les propriétés suivantes.*

(i) *Soit $q = q_0$. Posons $W_i = (X_{iq+1}^k, \ldots, X_{iq+q}^k)_{k \in [0,K]}$. Alors les blocs $(W_i)_{i \geq 0}$ sont équidistribués. De plus les blocs $(W_{2i})_{i \geq 0}$ sont indépendants ainsi que les $(W_{2i+1})_{i \geq 0}$.*

(ii) *Posons $W_i^k = (X_{2iq_k+1}^{k-1}, \ldots, X_{(2i+2)q_k}^{k-1}, X_{2iq_k+1}^k, \ldots, X_{(2i+2)q_k}^k)$. Alors les $(W_i^k)_{i \geq 0}$ sont équidistribués. De plus, si $(X_i^*)_{i \in \mathbb{Z}}$ est la suite construite à partir de $(X_i)_{i \in \mathbb{Z}}$ à l'aide du théorème 5.1, ces blocs ont même loi que $(X_{1-q_k}, \ldots, X_{q_k}, X_{1-q_k}, \ldots, X_0, X_1^*, \ldots X_{q_k}^*)$.*

(iii) *Les blocs $W_1^k, \ldots, W_{2^k-1}^k$ sont indépendants.*

Afin de mettre en place l'argument de chaînage, nous allons définir des réseaux $\mathcal{F}_k$ de maille δ_k ainsi que des projections Π_k sur ces réseaux.

Définition 8.7. Pour tout k dans $[0, K]$, on considère une collection ordonnée $\mathcal{J}_k$ d'intervalles de fonctions de diamètre δ_k pour $\| \cdot \|_{1,Q}$, collection recouvrant $\mathcal{F}$ et de cardinal majoré par $\exp H(\delta_k)$. Dans chaque intervalle $B_{j,k} = [g_{j,k}, h_{j,k}]$ de cette collection ordonnée, on choisit un point $f_{j,k}$ appartenant à $\mathcal{F}$. Pour f dans $\mathcal{F}$, on prend le premier intervalle $B_{j,k}$ de cette collection ordonnée et on pose $\Pi_k f = f_{j,k}$. On pose $\Delta_k f = h_{j,k} - g_{j,k}$. Enfin on note $\mathcal{F}_k$ l'ensemble des fonctions $\Pi_k f$ et $\mathcal{G}_k$ l'ensemble des fonctions $\Delta_k f$, quand f décrit $\mathcal{F}$.

Donnons une propriété essentielle des opérateurs Π_k et Δ_k:

$$(8.40) \qquad |f - \Pi_k f| \leq \Delta_k f \text{ et } \|\Delta_k f\|_{1,Q} \leq \delta_k, \|\Delta_k f\|_\infty \leq 2.$$

Pour faire intervenir les suites définies dans la proposition 8.2, introduisons les notations suivantes.

Notation 8.1. Soient

$$S_n^k(f) = f(X_1^k) + \cdots + f(X_n^k) \text{ et } Z_n^k(f) = n^{-1/2}(S_n^k(f) - nP(f)).$$

Pour étudier le module de continuité de Z_n^0, nous allons majorer l'écart uniforme entre $Z_n^0(f)$ et $Z_n^0(\Pi_0 f)$ sur la classe $\mathcal{F}$. Un calcul élémentaire montre que

$$Z_n^0(f - \Pi_0 f) = Z_n^K(f - \Pi_K f) + \sum_{l=1}^{K} Z_n^{l-1}(\Pi_l f - \Pi_{l-1} f)$$

$$(8.41) \qquad\qquad\qquad + \sum_{k=1}^{K}(Z_n^{k-1} - Z_n^k)(f - \Pi_k f).$$

Il en résulte que

$$(8.42) \qquad \mathbb{E}^*(\sup_{f \in \mathcal{F}} |Z_n^0(f - \Pi_0 f)|) \le \mathbb{E}_1 + \mathbb{E}_2 + \mathbb{E}_3,$$

où

$$\mathbb{E}_1 = \mathbb{E}(\sup_{f \in \mathcal{F}} |Z_n^K(f - \Pi_K f)|),$$

$$\mathbb{E}_2 = \sum_{l=1}^{K} \mathbb{E}(\sup_{f \in \mathcal{F}} (|Z_n^{l-1}(\Pi_l f - \Pi_{l-1} f)|)),$$

$$\mathbb{E}_3 = \sum_{k=1}^{K} \mathbb{E}(\sup_{f \in \mathcal{F}} (|(Z_n^{k-1} - Z_n^k)(f - \Pi_k f)|)).$$

Majoration de $\mathbb{E}_1$

Toutes les variables considérées ont P pour loi commune. Par conséquent, en appliquant (8.40),

$$|Z_n^K(f - \Pi_K f)| \le n^{-1/2}(S_n^K(|f - \Pi_K f|) + nP(|f - \Pi_K f|))$$
$$\le n^{-1/2}(S_n^K(\Delta_K f) + nP(\Delta_K f))$$
$$(8.43) \qquad\qquad \le Z_n^K(\Delta_K f) + 2\sqrt{n}P(\Delta_k f).$$

Comme $P \le Q$ et $Q(\Delta_K f) \le \delta_K$, nous en déduisons que

$$(8.44) \qquad \mathbb{E}_1 \le 2n^{1/2}\delta_K + \mathbb{E}(\sup_{g \in \mathcal{G}_K} Z_n^K(g)).$$

D'après (ii) de la proposition 8.2, les vecteurs (X_{2i+1}^k, X_{2i+2}^k) ont même loi que (X_0, X_1^*). Donc, par (iii), les v.a. $X_1^K, \ldots, X_{q_0}^K$ sont indépendantes et de loi P. Enfin (i) assure que la somme $S_n^K(g)$ peut se décomposer en deux sommes de variables aléatoires indépendantes et de même loi que $g(X_1)$. En appliquant l'inégalité de Cauchy-Schwarz suivi de (B.4), annexe B, avec $K = 2/(3\sqrt{n})$, nous en déduisons que, pour tout t tel que $|t| < \sqrt{n}/2$,

$$\log \mathbb{E}(\exp t Z_n^K(g)) \le P(g^2)t^2(1 - 4t/(3\sqrt{n}))^{-1}$$
$$(8.45) \qquad\qquad \le \|g\|_{1,Q}t^2(1 - 2n^{-1/2}t)^{-1}.$$

Par conséquent, en appliquant le lemme D.1, annexe D, suivi de (B.5) de l'annexe B,

$$\mathbb{E}(\sup_{g \in \mathcal{G}_K} Z_n^K(g)) \leq 2\sqrt{\delta_K H(\delta_K)} + 2n^{-1/2}H(\delta_K).$$

Mais, par définition des nombres δ_k,

(8.46) $$n^{-1/2}q_k H(\delta_k) = n^{1/2}(\delta_k/q_k) = (\delta_k H(\delta_k))^{1/2}.$$

Comme $q_K = 1$, en combinant (8.44) avec l'inégalité ci-dessus, nous obtenons donc

(8.47) $$\mathbb{E}_1 \leq 6\sqrt{\delta_K H(\delta_K)}.$$

Majoration de $\mathbb{E}_2$

Fixons l dans $[0, K-1]$ et majorons

$$\mathbb{E}_{2,l} = \mathbb{E}(\sup_{f \in \mathcal{F}}(|Z_n^l(\Pi_{l+1}f - \Pi_l f)|)).$$

D'après la proposition 8.2 (ii)-(iii), Les blocs $(X_{iq_l+1}^l, \ldots, X_{(i+1)q_l}^l)_{i \in [1, 2^l]}$ sont indépendants et chaque bloc a pour loi jointe la loi jointe de q_l variables consécutives de la suite $(X_i)_{i \in \mathbb{Z}}$. En appliquant (i), nous pouvons ainsi décomposer la mesure empirique Z_n^l en une somme de deux mesures empiriques obtenues à partir de blocs indépendants de variables de largeur q_l, chaque bloc ayant la loi de $(X_1, \ldots, X_{q_l})$ (sauf éventuellement le dernier).

Posons $g = \Pi_{l+1}f - \Pi_l f$. La somme $S_n^l(g)$ se décompose en somme de deux sommes de variables aléatoires indépendantes ayant toutes la loi de $g(X_1) + \cdots + g(X_{q_l})$, sauf la variable correspondant au dernier bloc, qui a la loi de $g(X_1) + \cdots + g(X_{n-q_l[n/q_l]})$. Dans tous les cas, ces variables sont bornées par $2q_l$ et ont une variance majorée par la largeur du bloc multipliée par $\|g\|_{1,Q}$, d'après (8.31). Donc

(8.48) $$\log \mathbb{E}(\exp t Z_n^K(g)) \leq \|g\|_{1,Q} t^2 (1 - 2q_l t/\sqrt{n})^{-1}.$$

Soit

$$\mathcal{U}_l = \{\Pi_l f - \Pi_{l+1}f : f \in \mathcal{F}\}.$$

Pour tout g dans $\mathcal{U}_l$, $\|g\|_{1,Q} \leq 2\delta_l$ et le logarithme du cardinal de la famille $\mathcal{U}_l$ est majoré par $2H(\delta_{l+1})$. Nous pouvons alors appliquer le lemme D.1 avec

$$L(t) = 2\delta_l t^2 (1 - 2q_l t/\sqrt{n})^{-1},$$

ce qui donne

(8.49) $$\mathbb{E}_{2,l} \leq 4\sqrt{\delta_l H(\delta_{l+1})} + 4n^{-1/2}q_l H(\delta_{l+1}).$$

Mais, par définition de δ_{l+1},

$$q_l H(\delta_{l+1}) = 2(q_{l+1}^2 H(\delta_{l+1}) \, H(\delta_{l+1}))^{1/2} = 2(n\delta_{l+1} H(\delta_{l+1}))^{1/2},$$

et donc $\mathbb{E}_{2,l} \leq 12(\delta_l H(\delta_{l+1}))^{1/2}$. Nous obtenons ainsi

$$(8.50) \qquad \mathbb{E}_2 \leq \sum_{l=0}^{K-1} \mathbb{E}_{2,l} \leq 12 \sum_{l=0}^{K-1} \sqrt{\delta_l H(\delta_{l+1})}\,.$$

Majoration de $\mathbb{E}_3$.

Fixons k dans $[1, K]$ et majorons

$$\mathbb{E}_{3,k} = \mathbb{E}(\sup_{f \in \mathcal{F}}(|(Z_n^{k-1} - Z_n^k)(f - \Pi_k f)|)).$$

Posons $h = f - \Pi_k f$ pour un instant.

$$|Z_n^{k-1}(h) - Z_n^k(h)| \leq n^{-1/2} \sum_{i=1}^{n} |h(X_i^k) - h(X_i^{k-1})|$$

$$\leq n^{-1/2} \sum_{i=1}^{n} \mathbb{1}_{X_i^k \neq X_i^{k-1}}(|h(X_i^k)| + |h(X_i^{k-1})|)$$

$$(8.51) \qquad \leq n^{-1/2} \sum_{i=1}^{n} \mathbb{1}_{X_i^k \neq X_i^{k-1}}(\Delta_k f(X_i^k) + \Delta_k f(X_i^{k-1}))$$

par (8.40). Par conséquent, si n_k est le plus petit entier multiple de $2q_k$ supérieur à n,

$$(8.52) \qquad \mathbb{E}_{3,k} \leq n^{-1/2}\mathbb{E}\Big(\sup_{g \in \mathcal{G}_k} \sum_{i=1}^{n_k} \mathbb{1}_{X_i^k \neq X_i^{k-1}}(g(X_i^k) + g(X_i^{k-1}))\Big).$$

Afin d'appliquer le lemme D.1, nous allons majorer la transformée de Laplace des variables

$$T_{n_k,k}(g) = \sum_{i=1}^{n_k} \mathbb{1}_{X_i^k \neq X_i^{k-1}}(g(X_i^k) + g(X_i^{k-1})).$$

En appliquant la proposition 8.2, il est facile de montrer que $T_{n_k,k}(g)$ se décompose en somme de deux sommes de variables aléatoires indépendantes ayant même loi que $T_{2q_k,k}(g)$. D'après la proposition 8.2(ii), cette variable a même distribution que

$$T(g) = \sum_{i=1}^{q_k} \mathbb{1}_{X_i \neq X_i^*}(g(X_i) + g(X_i^*)).$$

Or, si b_i' et b_i^* sont les fonctions définies par (8.28),

$$\mathbb{E}(T(g)) = \sum_{i=1}^{q_k} \int_{\mathcal{X}} (b_i' + b_i^*) g \, dP = 2 \sum_{i=1}^{q_k} \int_{\mathcal{X}} b_i g \, dP.$$

Comme $\|T(g)\|_\infty \le 4q_k$, il en résulte que

$$2\mathbb{E}(T(g)) \le \|g\|_{1,Q} \text{ et } \mathbb{E}(T^2(g)) \le \|T(g)\|_\infty \mathbb{E}(T(g)) \le 2q_k\|g\|_{1,Q}.$$

Si g est dans $\mathcal{G}_k$, nous avons donc:

(8.53) $2\mathbb{E}(T(g)) \le \delta_k, \quad \|T(g)\|_\infty \le 4q_k \text{ et } \mathbb{E}(T^2(g)) \le 2q_k\delta_k.$

Par conséquent, d'après (B.4), annexe B,

$$\log \mathbb{E}(\exp(tT(g))) \le (\delta_k t/2) + q_k \delta_k t^2 (1 - 4q_k t)^{-1}.$$

En séparant les deux paquets de variables aléatoires indépendantes à l'aide de l'inégalité de Cauchy-Schwarz, nous obtenons donc

$$\log \mathbb{E}(\exp(tT_{n_k,k}(g))) \le (4q_k)^{-1} n_k \delta_k t + 2n_k \delta_k t^2 (1 - 8q_k t)^{-1}$$

(8.54) $$\le (2q_k)^{-1} n \delta_k t + 4n \delta_k t^2 (1 - 8q_k t)^{-1}.$$

Par (8.52) et (8.54) suivis du lemme D.1 et de (B.5),
(8.55)
$$\mathbb{E}_{3,k} \le n^{1/2}(2q_k)^{-1}\delta_k + \sqrt{8\delta_k H(\delta_k)} + 8n^{-1/2}q_k H(\delta_k) \le 12\sqrt{\delta_k H(\delta_k)}$$

en appliquant (8.46). Ainsi

(8.56) $$\mathbb{E}_3 \le \sum_{k=1}^{K} \mathbb{E}_{3,k} \le 12 \sum_{k=1}^{K} \sqrt{\delta_k H(\delta_k)}.$$

Fin de la preuve

Pour n assez grand, $H(\delta) < n\delta$, et donc $q_0 \ge 2$. Alors

$$q_0^2 H(\delta) \ge n\delta \text{ et } q_1^2 H(\delta) < n\delta,$$

de sorte que $\delta \ge \delta_1$. Rappelons que la suite décroissante $(\delta_k)_k$ satisfait l'équation récursive

$$\delta_{k+1}^{-1} H(\delta_{k+1}) = 4\delta_k^{-1} H(\delta_k).$$

Soit $G(x) = x^2 H(x)$. L'équation ci-dessus s'écrit encore

$$\delta_k^3 G(\delta_{k+1}) = 4\delta_{k+1}^3 G(\delta_k).$$

Comme G est croissante, il en résulte que $\delta_k^3 \geq 4\delta_{k+1}^3$. Donc,

$$(8.57) \qquad 2^{2/3}\delta_{k+1} \leq \delta_k \text{ pour } k \geq 1 \text{ et } \delta_1 \leq \delta.$$

Le lemme 8.2 ainsi que (8.42), (8.47), (8.50) et (8.57) conduisent à la majoration

$$\mathbb{E}(\sup_{f \in \mathcal{F}} |Z_n(f - \Pi_0 f)| \leq 4\sqrt{n}\beta_{q_0} + 6\sqrt{\delta_K H(\delta_K)} + 24\sum_{k=1}^{K} \sqrt{\delta_k H(\delta_k)}.$$

Mais, par (8.57), $\sqrt{\delta_k} \leq 3(\delta_k - \delta_{k+1})/\sqrt{\delta_k}$, et donc

$$6\sqrt{\delta_K H(\delta_K)} + 24\sum_{k=1}^{K} \sqrt{\delta_k H(\delta_k)} \leq$$

$$(8.58) \qquad\qquad 72\left(\sqrt{\delta_K H(\delta_K)} + \sum_{k=1}^{K-1}(\delta_k - \delta_{k+1})\sqrt{H(\delta_k)/\delta_k}\right).$$

Comme H est décroissante et comme $\delta_1 \leq \delta$, nous obtenons ainsi:

$$(8.59) \qquad \mathbb{E}(\sup_{f \in \mathcal{F}} |Z_n(f - \Pi_0 f)| \leq 4\sqrt{n}\beta_{q_0} + 72\int_0^{\delta}(H(x)/x)^{1/2}dx.$$

Il suffit alors d'appliquer le lemme 8.1 et de noter que $\sqrt{n}\beta_{q_0}$ tend vers 0 dès que la suite $(q\beta_q)_q$ converge vers 0 pour conclure. ∎

Preuve du corollaire 8.2. Posons

$$C_\beta = 1 + 4\sum_{i>0}\int_{\mathcal{X}} b_i dP.$$

On munit $\mathbb{R}^d$ de l'ordre produit. Comme dans la preuve du théorème 7.4, nous pouvons nous ramener au cas où les composantes de X_0 ont la loi uniforme sur $[0, 1]$. Notons P la loi de X_0. Pour t dans $[0, 1]$, posons

$$(8.60) \qquad G_j(t) = Q(x = (x_1, \ldots, x_d) \in \mathbb{R}^d : x_j \leq t).$$

Pour $t > s$,

$$G_j(t) - G_j(s) = Q(x = (x_1, \ldots, x_d) \in \mathbb{R}^d : s < x_j \leq t).$$

Or la mesure de la bande $(s < x_j \leq t)$ sous P est égale à $t - s$. Comme Q est absolument continue par rapport à P, le théorème de Radon-Nikodym montre que la fonction G_j est absolument continue. De plus

$$G_j(t) - G_j(s) \geq t - s,$$

de sorte que G_j est un homéomorphisme de $[0,1]$ sur $[0,C_\beta]$. On applique alors la transformation

$$G(x_1, \ldots x_d) = (C_\beta^{-1} G_1(x_1), \ldots, C_\beta^{-1} G_d(x_d)),$$

aux variables X_i, ce qui nous ramène à une suite de variables ayant la propriété suivante: pour tout j dans $[1,d]$ et tout couple (t,s) tel que $0 \le s < t \le 1$,

$$(8.61) \qquad Q(x = (x_1, \ldots, x_d) \in \mathbb{R}^d : s < x_j \le t) \le C_\beta(t-s).$$

Soit $x = (x_1, \ldots x_d)$ un élément du cube unité. Posons

$$\Pi_K(x) = (2^{-K}[2^K x_1], \ldots, 2^{-K}[2^K x_d])$$

et

$$\Pi_K^+(x) = (2^{-K}(1 + [2^K x_1]), \ldots, 2^{-K}(1 + [2^K x_d])).$$

Alors $\Pi_K(x) \le x \le \Pi_K^+(x)$. Il en résulte que

$$(8.62) \qquad \mathbb{I}_{t \le \Pi_K(x)} \le \mathbb{I}_{t \le x} \le \mathbb{I}_{t \le \Pi_K^+(x)}.$$

Notons $\mathcal{D}_K$ l'ensembles des éléments t de $[0,1[^d$ tels que $2^K t$ est un multientier. Comme $\Pi_K(x)$ est dans $\mathcal{D}_k$ et $\Pi_K^+(x) = \Pi_K^+(\Pi_K(x))$, la famille d'intervalles de fonctions de (8.61) est de cardinal au plus 2^{Kd}. De plus, pour $t = (t_1, \ldots t_d)$ dans $\mathcal{D}_K$,

$$Q(x \le \Pi_K^+(t)) - Q(x \le t) \le dC_\beta 2^{-K}$$

par (8.61). Donc $H_{1,Q}(x, \mathcal{F}) = O(\log(1/x))$ quand x tend vers 0, ce qui implique (i) du théorème 8.5. Le corollaire est démontré. ∎

EXERCICES

1) Utiliser l'exercice 4, chapitre 1, pour montrer que l'application $f \to \|f\|_{2,\beta}$ définie par (8.21) est une norme sur $L_{2,\beta}(P)$.

Problème. Le propos de ce théorème est de montrer un forme affaiblie du TLC fonctionnel de Pollard (1982) pour les classes de fonctions ayant une entropie universelle intégrable.

Soit $(X_i)_{i>0}$ une suite d'observations indépendantes et équidistribuées, à valeurs dans un espace mesuré $(\mathcal{X}, \mathcal{E})$. Soit $\mathcal{F}$ une classe de fonctions mesurables $\mathcal{X}$ dans $[-1,1]$. Notons P la loi marginale des variables X_i et supposons que $\int f dP = 0$ pour tout f dans $\mathcal{F}$.

Soit $\mathcal{A}(\mathcal{X})$ l'ensemble des lois de probabilités de support fini sur $\mathcal{X}$. Pour tout élément Q de $\mathcal{A}(\mathcal{X})$, on note d_Q l'écart induit par la norme usuelle sur $L^2(Q)$ et $H(x, \mathcal{F}, d_Q)$ la fonction d'entropie de la définition 8.4. On pose

$$(1) \qquad H(x, \mathcal{F}) = \sup_{Q \in \mathcal{A}(\mathcal{X})} H(x, \mathcal{F}, d_Q).$$

Cette fonction est appelée fonction d'entropie universelle L^2 de la classe $\mathcal{F}$. On suppose que $\mathcal{F}$ vérifie

$$(2) \qquad \int_0^1 \sqrt{H(x, \mathcal{F})}\, dx < \infty.$$

De plus, la classe $\mathcal{F}$ est supposée posséder la propriété de mesurabilité (M) suivante: il existe $(K, \mathcal{B}(K))$ espace localement compact à base dénombrable muni de sa tribu borélienne et T application surjective de K sur $\mathcal{F}$ telle que l'application de $(\mathcal{X} \times K, \mathcal{E} \otimes \mathcal{B}(K))$ dans $\mathbb{R}$ muni de sa tribu borélienne qui à (x, y) associe $T(y)(x)$ soit mesurable.

I. Une inégalité de symétrisation.

Dans cette partie $\mathcal{G}$ désigne une classe de fonctions à valeurs dans $[-1, 1]$, vérifiant la condition de mesurabilité (M).

1) Montrer que l'application

$$(x_1, \ldots, x_p, y_1, \ldots, y_q) \to \sup\{g(x_1) + \cdots + g(x_p) - g(y_1) - \cdots - g(y_q) : g \in \mathcal{G}\}$$

est universellement mesurable au sens de la définition E.1. annexe E.

2) Soit $(X_i')_{i>0}$ une copie indépendante de la suite $(X_i)_{i>0}$ (i.e. une suite indépendante de la suite $(X_i)_{i>0}$ et de même loi). On note P_n la mesure empirique associée à $X_1, \ldots, X_n$ et P_n' la mesure empirique associée à $X_1', \ldots, X_n'$. Montrer que

$$(3) \qquad \mathbb{E}\left(\sup_{g \in \mathcal{G}} |P_n(g) - P(g)|\right) \leq \mathbb{E}\left(\sup_{g \in \mathcal{G}} |P_n(g) - P_n'(g)|\right).$$

(on montrera auparavant que les variables considérées sont mesurables). Indication: fixer les valeurs prises par $X_1, \ldots, X_n$ et appliquer l'inégalité de Jensen convenablement.

Soit $(\varepsilon_i)_{i>0}$ une suite de signes symétriques indépendants. On suppose que cette suite de signes est indépendante de la tribu engendrée par les suites $(X_i)_{i>0}$ et $(X_i')_{i>0}$. On définit les variables $(X_i^s, X_i'^s)$ par $(X_i^s, X_i'^s) = (X_i, X_i')$ si $\varepsilon_i = 1$ et $(X_i^s, X_i'^s) = (X_i', X_i)$ si $\varepsilon_i = -1$.

3) Montrer que la suite ainsi définie est une suite de variables aléatoires indépendantes de loi $P \otimes P$.

4) En déduire que

$$\mathbb{E}\Big(\sup_{g\in\mathcal{G}}|P_n(g) - P'_n(g)|\Big) = n^{-1}\mathbb{E}\Big(\sup_{g\in\mathcal{G}}\Big|\sum_{i=1}^{n}\varepsilon_i(g(X_i) - g(X'_i))|\Big).$$

5) Montrer que

$$(4) \qquad \mathbb{E}\Big(\sup_{g\in\mathcal{G}}|P_n(g) - P(g)|\Big) \leq 2n^{-1}\mathbb{E}\Big(\sup_{g\in\mathcal{G}}\Big|\sum_{i=1}^{n}\varepsilon_i g(X_i)|\Big).$$

II. Majoration du processus empirique symétrisé.

Dans cette partie, on se fixe $(x_1, \ldots, x_n)$ dans $\mathcal{X}^n$ et on suppose que la classe de fonctions $\mathcal{G}$ considérée dans la partie I satisfait la condition d'entropie universelle (2). On pose

$$(5) \qquad \varphi(\sigma, \mathcal{G}) = \int_0^\sigma \sqrt{H(x, \mathcal{G})}\, dx.$$

Soit $Q_n = n^{-1}(\delta_{x_1} + \cdots + \delta_{x_n})$ la mesure empirique associée à $(x_1, \ldots, x_n)$. On définit la variance empirique maximale V par $V = V(x_1, \ldots, x_n) = \sup\{Q_n(g^2) : g \in \mathcal{G}\}$. Soit δ un élément de $]0, 1]$.

1) Soit I une sous famille finie de $\mathcal{G}$ non réduite à un point, de cardinal $\exp(H)$. Montrer que

$$(6) \qquad \mathbb{E}\Big(\sup_{g\in I}\Big|\sum_{i=1}^{n}\varepsilon_i g(x_i)|\Big) \leq 2\sqrt{H}\sup_{g\in I}\Big(\sum_{i=1}^{n}g^2(x_i)\Big)^{1/2}.$$

2) Montrer, pour tout entier $k \geq 0$, l'existence d'une partie finie $\mathcal{G}_k$ de $\mathcal{G}$ de cardinal au plus $\exp(H(2^{-k}\delta))$ pour laquelle il existe une application Π_k de $\mathcal{G}$ dans $\mathcal{G}_k$ telle que

$$d_{Q_n}(g, \Pi_k g) \leq 2^{-k}\delta \text{ pour tout } g \in \mathcal{G}.$$

3) Montrer que, pour toute fonction g dans $\mathcal{G}$ et tout entier l,

$$\Big|\sum_{i=1}^{n}\varepsilon_i(g - \Pi_l g)(x_i)\Big| \leq n2^{-l}\delta.$$

En déduire que

$$\mathbb{E}\Big(\sup_{g\in\mathcal{G}}\Big|\sum_{i=1}^{n}\varepsilon_i g(x_i)|\Big) = \lim_{l\to\infty}\mathbb{E}\Big(\sup_{g\in\mathcal{G}_l}\Big|\sum_{i=1}^{n}\varepsilon_i g(x_i)|\Big).$$

4) Soit $\delta_k = 2^{-k}\delta$. Montrer, pour tout g élément de $\mathcal{G}_l$, l'existence de fonctions $g_0, \ldots, g_l$ telles que $g_l = g$ et $g_k = \Pi_k g_{k+1}$ pour tout entier k dans $[0, l[$. En déduire que

$$\mathbb{E}\left(\sup_{g\in\mathcal{G}_l}\left|\sum_{i=1}^{n}\varepsilon_i g(x_i)\right|\right) \leq 2\sum_{k=1}^{l}\delta_{k-1}\sqrt{nH(\delta_k)} + 2\sqrt{nH(\delta)V}.$$

5) Montrer que

$$\mathbb{E}\left(\sup_{g\in\mathcal{G}}\left|\sum_{i=1}^{n}\varepsilon_i g(x_i)\right|\right) \leq 8\sqrt{n}\varphi(\delta/2, \mathcal{G}) + 2\sqrt{nH(\delta)V}.$$

En déduire que
(7)

$$\mathbb{E}\left(\sup_{g\in\mathcal{G}}\left|\sum_{i=1}^{n}\varepsilon_i g(X_i)\right|\right) \leq 8\sqrt{n}\varphi(\delta/2, \mathcal{G}) + 2\sqrt{nH(\delta)\mathbb{E}(V(X_1, \ldots, X_n))}.$$

III. Module de continuité du processus empirique normalisé.

Soit H une fonction d'entropie décroissante telle que

$$\int_0^1 \sqrt{H(x)}dx < \infty \text{ et } \varphi(\sigma) = \int_0^\sigma \sqrt{H(x)}dx.$$

Soit $\mathcal{E}(\delta, P, H)$ l'ensemble des classes de fonctions $\mathcal{G}$ de $\mathcal{X}$ dans $[-1, 1]$ vérifiant la condition de mesurabilité (M) et telles que $H(x, \mathcal{G}) \leq H(x)$ et $\sup\{P(g^2) : g \in \mathcal{G}\} \leq \delta^2$. On pose

$$w(\delta) = \sup_{\mathcal{G}\in\mathcal{E}(\delta,P,H)} \mathbb{E}\left(\sup_{g\in\mathcal{G}}|Z_n(g)|\right).$$

1) Soit $\mathcal{G}$ élément de $\mathcal{E}(\delta, P, H)$. Montrer que la classe $\{g^2/2 : g \in \mathcal{G}\}$ appartient à $\mathcal{E}(\delta, P, H)$. En déduire que

(8) $$w(\delta) \leq 8\varphi(\delta/2) + 4\sqrt{H(\delta)}\sqrt{\delta^2 + 2n^{-1/2}w(\delta)}.$$

En déduire que

$$w(\delta) \leq 8\varphi(\delta) + 4w(\delta)\sqrt{H(\delta)/(n\delta^2)}.$$

2) Montrer que $w(\delta) \leq 16\varphi(\delta)$ pour tout δ tel que $2^6 H(\delta) \leq n\delta^2$.

3) Montrer que la classe

$$\mathcal{G}_\delta = \{(f - g)/2 : (f, g) \in \mathcal{F} \times \mathcal{F}, d_P(f, g) \leq \delta\}$$

est dans $\mathcal{E}(\delta, P, H)$ pour $H = H(., \mathcal{F})$. En déduire que, si $n\delta^2 \geq 2^6 H(\delta)$, alors

(9) $$\mathbb{E}\left(\sup_{g\in\mathcal{G}_\delta}|Z_n(2g)|\right) \leq 32\int_0^\delta \sqrt{H(x, \mathcal{F})}\,dx.$$

Conclure.

9. CHAÎNES DE MARKOV IRRÉDUCTIBLES

9.1. Introduction

Dans ce chapitre, nous étudions les propriétés de mélange fort et de β-mélange de certaines chaînes de Markov récurrentes à espace d'états continu. Nous regarderons surtout des chaînes de Markov dont les coefficients de corrélation maximale (aussi appelés coefficients de ρ-mélange) ne décroissent pas vers 0. En effet, de nombreux modèles Markoviens utilisés en statistique économétrique ou en mathématiques financières ne sont pas ρ-mélangeants. Par contre, ces modèles sont souvent irréductibles (i.e. tous les états communiquent) et la théorie générale des chaînes de Markov irréductibles s'applique donc. En particulier, le noyau de transition est minoré par un produit tensoriel, ce qui permet d'introduire un processus de renouvellement associé à la chaîne. Le lecteur pourra se reporter à la monographie de Nummelin (1984) pour une étude détaillée des propriétés de récurrence et d'ergodicité des chaînes de Markov irréductibles et au livre de Meyn et Tweedie (1993) pour un exposé exhaustif.

Nous donnons donc un bref aperçu de la théorie des chaînes de Markov irréductibles dans la section 9.2 et du renouvellement suivant Nummelin (1978, 1984) dans la section 9.3. Afin de rendre plus compréhensible cet exposé succint, nous étudions un exemple simple de chaîne positivement récurrente pour laquelle les coefficients de β-mélange peuvent être évalués précisément dans la section 9.4. Cet exemple est utilisé dans la dernière section pour montrer l'optimalité de la condition (DMR) pour le théorème limite central et de la condition (a) du corollaire 3.1 pour les vitesses de convergence dans la loi forte des grands nombres. Auparavant, nous donnons des relations entre les temps de retour dans les petites parties au sens de Nummelin (1984) et les coefficients de β-mélange dans la section 9.5, en reprenant des travaux de Lindvall (1979) et de Tuominen et Tweedie (1994). Puis nous montrons dans la section suivante que les coefficients de mélange fort et de β-mélange sont du même ordre de grandeur pour les

chaînes de Markov irréductibles et apériodiques, en partant d'un article de
Bolthausen (1980).

9.2 Chaînes irréductibles à espace d'états continu

Nous rappelons dans cette section quelques résultats sur les chaînes de
Markov irréductibles. Rappelons la définition d'un noyau de transition et
ensuite la définition de l'irréductibilité.

Soit $(X, \mathcal{X})$ un espace mesuré. Nous supposerons dans ce chapitre que
la tribu $\mathcal{X}$ est engendrée par une famille finie ou dénombrable de parties
de X,

Définition 9.1. Un noyau positif sur $(X, \mathcal{X})$ est une application $P : X \times$
$\mathcal{X} \to \bar{\mathbb{R}}^+$ vérifiant les deux conditions suivantes:
(i) Pour tout A dans $\mathcal{X}$, la fonction $P(., A)$ est mesurable.
(ii) Pour tout x dans X, la fonction $P(x, .)$ est une mesure sur $(X, \mathcal{X})$.

Le noyau P sera dit fini (resp. σ-fini) si, pour tout x dans X, la mesure
$P(x, .)$ est de masse totale finie (resp. σ-finie). Il sera dit borné si la
fonction $P(., E)$ est uniformément bornée, stochastique si cette fonction
est constante et égale à 1 et sous-stochastique si cette fonction est majorée
par 1.

Le produit de deux noyaux positifs P_1 et P_2 est défini par

$$P_1 P_2(x, A) = \int_{\mathcal{X}} P_1(x, dy) P_2(y, A)$$

et les puissances d'un noyau positif borné P par

$$P^0(x, A) = \delta_x(A) \text{ et } P^n = P P^{n-1}.$$

Nous noterons I le noyau qui à (x,A) associe $\delta_x(A)$. Le noyau G donné par
$G = \sum_{n \geq 0} P^n$ est appelé noyau de potentiel de P.

Soit γ une mesure de Radon et f fonction numérique mesurable. Pour
x dans X and A dans $\mathcal{X}$), on pose

$$\gamma P_1(F) = \int P_1(x, F) \Gamma(dx) \text{ and } P_1 f(x) = \int f(y) P_1(x, dy).$$

Définissons maintenant une structure sur $X \times \mathcal{X}$, dite structure de com-
munication.

Définition 9.2. Soit (x, A) un élément de $X \times \mathcal{X}$. Nous dirons que A est
accessible depuis x sous P s'il existe un entier $n \geq 1$ tel que $P^n(x, A) > 0$.
Cette relation est notée $x \to A$.

Cette notion d'accessibilité permet de généraliser l'irréductibilité des
chaînes à espace d'états discret ainsi.

Définition 9.3. Soit φ une mesure positive σ-finie non nulle. Le noyau P est dit φ-irréductible si, pour tout x dans X, toute partie mesurable A telle que $\varphi(A) > 0$ est accessible depuis x. Les mesures φ ayant cette propriété sont appelées mesures d'irréductibilité pour P. Une mesure m d'irréductibilité pour P est dite maximale si toute mesure φ d'irréductibilité pour P est absolument continue par rapport à m.

La proposition suivante, due à Tweedie (1974), caractérise les mesures d'irréductibilité maximales pour un noyau P.

Proposition 9.1. *Supposons que P est φ-irréductible. Alors*
(i) *Il existe une mesure d'irréductibilité maximale m.*
(ii) *Toute mesure d'irréductibilité φ telle que φP soit absolument continue par rapport à φ est maximale.*
(iii) *Si $m(B) = 0$ alors l'ensemble $B^+ = B \cup \{x \in X : x \to B\}$ satisfait aussi $m(B^+) = 0$.*

Pour la fin de cette section, P désigne un noyau stochastique irréductible et m une mesure d'irréductibilité maximale pour P. Le théorème suivant, du à Jain et Jamison (1967), caractérise les noyaux irréductibles.

Théorème 9.1. *Soit P un noyau stochastique irréductible, m une mesure d'irréductibilité maximale pour P. Alors il existe un entier $m_0 \geq 1$, une fonction mesurable s à valeurs dans $[0,1]$ avec $m(s) > 0$ et une mesure de probabilité ν tels que*

$$\mathcal{M}(m_0, s, \nu) \qquad P^{m_0}(x, A) \geq s(x)\nu(A) \quad \text{pour tout} \quad (x, A) \in X \times \mathcal{X}.$$

Le noyau sous-stochastique $(x, A) \to s(x)\nu(A)$ est noté $s \otimes \nu$.

Remarques 9.1. (i) Les mesures φ d'irréductibilité pour P sont caractérisées par la propriété suivante: pour toute fonction positive f telle que $\varphi(f) > 0$, le noyau de potentiel G associé à P satisfait $PGf(x) > 0$ pour tout x dans X.

(ii) On peut imposer au couple (s, ν) de satisfaire la condition $\nu(s) > 0$ (voir section 2.3 dans Nummelin (1984) à ce sujet).

Plaçons-nous sous la condition $\mathcal{M}(m_0, s, \nu)$. Il résulte de la remarque ci-dessus que le noyau P est ν-irréductible. En effet, cette minoration implique que

$$(9.1) \qquad PG \geq G(s \otimes \nu) = Gs \otimes \nu.$$

Donc, si $\nu(f) > 0$ alors $PGf(x) \geq Gs(x)\nu(f) > 0$ (en effet $Gs(x) > 0$ puisque $m(s) > 0$). De ce fait et de (ii) de la proposition 9.1, nous tirons la remarque suivante.

Remarque 9.2. Supposons la condition $\mathcal{M}(1, s, \nu)$ satisfaite. Alors la mesure

$$m = \sum_{n \geq 0} 2^{-1-n} \nu (P - s \otimes \nu)^n$$

est une mesure d'irréductibilité maximale pour P.

Nous sommes maintenant en mesure de définir la période d'une chaîne de Markov irréductible. Considérons un couple (s, ν) satisfaisant les conclusions du théorème 9.1 ainsi que la condition $\nu(s) > 0$. Soit

$$I = \{m \geq 1 : \mathcal{M}(m, \delta s, \nu) \text{ soit satisfaite pour un certain } \delta > 0\}.$$

Le plus grand diviseur commun de l'ensemble I est appelé période de la chaîne. Le noyau est dit apériodique si $d = 1$. Tel est le cas quand les conclusions du théorème 9.1 sont vérifiées avec $m_0 = 1$. Nous laissons au lecteur le soin de vérifier que la période ne dépend pas du couple (s, ν) choisi.

9.3 Processus de renouvellement d'une chaîne irréductible

Dans cette section nous supposons donnée une chaîne de Markov homogène irréductible d'espace d'états $[0, 1]$ et de probabilité de transition $P(x, .)$, satisfaisant la condition $\mathcal{M}(m_0, s, \nu)$ pour $m_0 = 1$.

Définition 9.4. Soit $Q(x, .)$ le noyau sous-stochastique défini par $Q = P - s \otimes \nu$ et Q_1 le noyau stochastique défini par

$$(1 - s(x))Q_1(x, A) = Q(x, A) \quad \text{si} \ \ s(x) < 1$$

et

$$Q(x, A) = \nu(A) \text{ si} \ \ s(x) = 1.$$

Nous allons maintenant construire une réalisation de la chaîne de Markov homogène de transition $P(x, .)$ et de loi initiale donnée. Soit ξ_0 une variable aléatoire à valeurs dans $[0, 1]$. On se donne une suite $(U_i, \varepsilon_i)_{i \geq 0}$ de variables aléatoires indépendantes de loi uniforme sur $[0, 1]^2$ indépendante de ξ_0. Pour $s(x) < 1$, soit F_x la fonction de répartition de la loi $Q_1(x, .)$. Notons F la fonction de répartition de la loi ν. Pour $n \geq 0$, nous définissons ξ_{n+1} à partir de ξ_n par

$$(9.2) \qquad \xi_{n+1} = \mathbb{1}_{s(\xi_n) \geq U_n} F^{-1}(\varepsilon_n) + \mathbb{1}_{s(\xi_n) < U_n} F_{\xi_n}^{-1}(\varepsilon_n).$$

Par le théorème d'extension de Kolmogorov, il existe une unique suite de variables aléatoires vérifiant la relation de récurrence ci-dessus et cette suite est une chaîne de Markov. De plus

$$\mathbb{P}(\xi_{n+1} \in A \mid \xi_n = x, U_n = u, \varepsilon_n = \varepsilon) =$$
$$\mathbb{1}_{s(x) > u} \mathbb{1}_{F^{-1}(\varepsilon) \in A} + \mathbb{1}_{s(x) \leq u} \mathbb{1}_{F_x^{-1}(\varepsilon) \in A}.$$

Donc en intégrant par rapport à ε,

$$\mathbb{P}(\xi_{n+1} \in A \mid \xi_n = x, U_n = u) = \mathbb{1}_{s(x)>u}\nu(A) + \mathbb{1}_{s(x)\leq u}Q_1(x, A),$$

puis, par intégration par rapport à u,

$$(9.3) \quad \mathbb{P}(\xi_{n+1} \in A \mid \xi_n = x) = s(x)\nu(A) + (1 - s(x))Q_1(x, A) = P(x, A).$$

Nous avons donc construit une chaîne ayant la probabilité de transition demandée. Nous pouvons alors définir un processus de renouvellement associé. Sa loi dépendra cependant du choix de s et de ν.

Définition 9.5. Le processus $(\eta_i)_{i\in\mathbb{N}}$ à valeurs dans $\{0,1\}$ défini par $\eta_i = \mathbb{1}_{U_i \leq s(\xi_i)}$ est appelé processus d'incidence associé à la chaîne $(\xi_i)_{i\in\mathbb{N}}$ et les instants $(T_i)_{i\geq 0}$ définis par

$$T_i = 1 + \inf\{n \geq 0 : \sum_{j=1}^{n} \eta_j = i + 1\}$$

temps de renouvellement de la chaîne. Pour la suite, nous posons $\tau = T_0$ et $\tau_i = T_{i+1} - T_i$ pour $i \geq 0$.

Soit $\mathbb{P}_\lambda$ la loi de la chaîne partant de ξ_0 de loi λ et P_x la loi de la chaîne partant de $\xi_0 = x$. Par définition de τ,

$$(9.4) \qquad \lambda Q^n(s) = \mathbb{P}_\lambda(\tau = n + 1) \quad \text{et} \quad \lambda Q^n(1) = \mathbb{P}_\lambda(\tau > n).$$

Nous allons maintenant étudier les propriétés de récurrence de la chaîne.

Définition 9.6. Soit $(\xi_i)_{i\geq 0}$ une chaîne de Markov irréductible de mesure d'irréductibilité maximale m. Cette chaîne est dite récurrente, si pour tout ensemble B dans $\mathcal{X}^+ = \{A \in X : m(A) > 0\}$,

$$h_B^\infty(x) = \mathbb{P}_x\left(\sum_{k\geq 0} \mathbb{1}_{\xi_k \in B} = \infty\right) = 1 \quad m\text{-presque partout.}$$

Il est facile de voir que la chaîne partant de $\xi_0 = x$ est récurrente si et seulement si $T_i < \infty$ pour tout i positif ou nul presque sûrement sous $\mathbb{P}_x$. En apppliquant (9.4), ceci nous conduit au lemme suivant.

Lemme 9.1. *La chaîne irréductible $(\xi_i)_{i\geq 0}$ est récurrente si et seulement si*

$$\lim_{n\to\infty} \nu Q^n(1) = 0 \quad \text{et} \quad \lim_{n\to\infty} \delta_x Q^n(1) = 0 \quad m\text{-presque partout.}$$

Transformons cette condition à l'aide de l'égalité de base suivante:

$$(9.5) \qquad \lambda P^n = \sum_{k=1}^{n} \lambda Q^{n-k}(s)\nu P^{k-1} + \lambda Q^n.$$

En égalant les masses totales dans (9.5), nous obtenons l'egalité

$$(9.6) \qquad \sum_{k=1}^{n} \lambda Q^{n-k}(s) + \lambda Q^n(1) = 1.$$

Soit $G_Q = \sum_{n \geq 0} Q^n$. d'après (9.6), $G_Q s(x) \leq 1$ et $G_Q s(x) = 1$ si et seulement si la chaîne partant de $\xi_0 = x$ est récurrente. D'après (9.7) et la remarque 9.2, la chaîne sera donc globalement récurrente si

$$(9.7) \qquad m G_Q(s) = \sum_{n \geq 0} 2^{-1-n} \sum_{p \geq n} \nu Q^p(s) = \sum_{n \geq 0} 2^{-1-n} \nu Q^n(1) = m(1).$$

Or

$$(9.8) \qquad \nu Q^n(1) - \sum_{p \geq n} \nu Q^p(s) = \mathbb{P}_\nu(\tau = \infty).$$

Donc l'égalité (9.7) est réalisée si et seulement si $\mathbb{P}_\nu(\tau = \infty) = 0$ et le lemme 9.1 a pour corollaire la proposition suivante

Proposition 9.2. *La chaîne irréductible* $(\xi_i)_{i \geq 0}$ *est récurrente si et seulement si*

$$\lim_{n \to \infty} \nu Q^n(1) = 0 \quad \text{ou encore} \quad \sum_{n \geq 0} \nu Q^n(s) = 1.$$

9.4. Propriétés de mélange des chaînes positivement récurrentes: un exemple

Nous admettrons avec Davydov (1973) et Bradley (1986) que, pour une chaîne de Markov, les coefficients de mélange fort définis par (2.1) et les coefficients de β-mélange de la définition 8.3 satisfont:

$$(9.9) \qquad \alpha_n = \sup_{k \in T} \alpha(\sigma(X_k), \sigma(X_{k+n})) \quad \text{et} \quad \beta_n = \sup_{k \in T} \beta(\sigma(X_k), \sigma(X_{k+n})).$$

Donnons-nous une chaîne de Markov irréductible et un couple (s, ν) satisfaisant la condition de minoration $\mathcal{M}(1, s, \nu)$ et supposons de plus que la mesure $\sum_{n \geq 0} \nu Q^n$, dite mesure d'occupation de Pitman (1974), est de masse totale finie. Alors

$$(9.10) \qquad \pi = \left(\sum_{n \geq 0} \nu Q^n(1) \right)^{-1} \sum_{n \geq 0} \nu Q^n.$$

est une loi invariante pour la chaîne, qui est alors récurrente. De plus les temps de retour $(\tau_i)_{i \geq 0}$ sont intégrables, et les temps de retour dans les ensembles récurrents A (c'est à dire tels que $m(A) > 0$) aussi. La chaîne est alors dite positivement récurrente.

Nous allons maintenant introduire une hypothèse d'excessivité suffisante pour obtenir une évaluation simple des coefficients de β-mélange pour la chaîne stationnaire de transition P et de loi π. Le lemme suivant, dans lequel cette hypothèse est introduite donne une majoration de la vitesse de convergence vers la loi stationnaire.

Lemme 9.2. *Soit P un noyau stochastique irréductible satisfaisant la condition de minoration $\mathcal{M}(1, s, \nu)$ et λ une loi d'entrée. Supposons que*

$$\mathcal{H}(\lambda, s) \qquad\qquad \lambda P^l(s) \geq \pi(s) \quad \text{pour tout } l \geq 0.$$

Alors, pour tout entier positif n,

$$\|\lambda P^n - \pi\| \leq 2\pi Q^n(1).$$

Preuve. En regardant le dernier instant où le processus d'incidence est non nul, nous obtenons la décomposition suivante, symétrique de (9.5):

$$(9.11) \qquad \lambda P^n = \sum_{k=1}^{n} \lambda P^{k-1}(s)\nu Q^{n-k} + \lambda Q^n.$$

Appliquons cette égalité avec $\lambda = \pi$ et retranchons. Puisque π est une loi invariante,

$$(9.12) \qquad \lambda P^n - \pi = \sum_{k=1}^{n}(\lambda P^{k-1}(s) - \pi(s))\nu Q^{n-k} + \lambda Q^n - \pi Q^n.$$

Comme $\lambda P^{k-1}(s) - \pi(s) \geq 0$ par hypothèse, nous avons donc écrit la mesure signée et de masse nulle $\lambda P^n - \pi$ comme différence de deux mesures positives de masses finies, le seconde mesure étant égale à πQ^n. La première mesure a donc même masse que πQ^n. Aussi la variation totale de $\lambda P^n - \pi$ est majorée par $2\pi Q^n(1)$. ∎

Nous pouvons maintenant majorer les coefficients de β-mélange de la chaîne $(\xi_i)_{i \geq 0}$ en régime stationnaire à l'aide du lemme 9.2.

Proposition 9.3. *Soit P un noyau stochastique irréductible et positivement récurrent satisfaisant la condition de minoration $\mathcal{M}(1, s, \nu)$ ainsi que l'hypothèse d'excessivité $\mathcal{H}(\nu, s)$. Alors pour tout entier positif n,*

$$\int_{\mathcal{X}} \|\delta_x P^n - \pi\|\pi(dx) \leq 2\sum_{k=1}^{n} \pi Q^{k-1}(s)\pi Q^{n-k}(1).$$

Remarque 9.3. La proposition 9.2 peut s'interpréter ainsi. Soit $(\xi_i)_{i\geq 0}$ la chaîne de transition P et de loi initiale la loi stationnaire π. Soit τ le premier temps de renouvellement de $(\xi_i)_{i\geq 0}$ (voir définition 9.5) et τ' une copie indépendante de τ. Alors la proposition 9.3 équivaut à $\beta_n \leq \mathbb{P}(\tau + \tau' > n)$.

Preuve. Appliquons (9.5) avec $\lambda = \delta_x$.

$$(9.13) \qquad \delta_x P^n = \sum_{k=1}^n Q^{k-1} s(x) \nu P^{n-k} + \delta_x Q^n.$$

Puisque la chaîne est positivement récurrente, d'après le lemme 9.1 et la remarque 9.2 (noter que π est absolument continue par rapport à m),

$$\sum_{k=1}^n Q^{k-1} s(x) + \delta_x Q^n(1) = 1 \quad \pi\text{-presque partout.}$$

Donc, π-presque partout en x,

$$(9.14) \qquad \delta_x P^n - \pi = \sum_{k=1}^n Q^{k-1} s(x)(\nu P^{n-k} - \pi) + \delta_x Q^n - \delta_x Q^n(1)\pi.$$

De là, en intégrant en x,

$$\int_{\mathcal{X}} \|\delta_x P^n - \pi\| \pi(dx) \leq 2 \sum_{k=1}^n \pi Q^{k-1}(s) \|\nu Q^{n-k} - \pi\| + 2\pi Q^n(1).$$

Il suffit d'appliquer le lemme 9.2 avec $\lambda = \nu$ pour achever la preuve. ∎

Pour conclure cette partie, donnons un exemple de noyau stochastique satisfaisant $\mathcal{H}(\nu, s)$.

Lemme 9.3. *Soit ν une loi diffuse (c'est à dire sans atome), s une fonction à valeurs dans $]0, 1]$ telle que $\nu(s) > 0$. Supposons de plus que*

$$(a) \qquad \int_{\mathcal{X}} \frac{1}{s(x)} \nu(dx) < \infty.$$

Soit $P(x, .) = s(x)\nu + (1 - s(x))\delta_x$. Alors, la chaîne de noyau P est positivement récurrente et satisfait $\mathcal{H}(\nu, s)$.

Remarque 9.4. Comme la loi ν est diffuse, les instants d'incidence sont les instants de changement de position, et par conséquent, le processus de renouvellement associé à la chaîne de transition P est observable.

Preuve. Comme $Q(x, .) = (1 - s(x))\delta_x$, $\nu Q^n = (1 - s(x))^n \nu$, et la mesure d'occupation de Pitman est égale à $s^{-1}\nu$. l'hypothèse (a) assure que cette mesure est de masse totale finie, ce qui entraîne l'intégrabilité des temps de renouvellement sous ν. Donc

$$(9.15) \qquad \pi = \left(\int_{\mathcal{X}} \frac{1}{s(x)} \nu(dx) \right)^{-1} \frac{1}{s(x)} \nu$$

est une loi invariante.

Posons $a_0 = 1$ et $a_k = \nu P^{k-1}(s) - \pi(s)$. l'égalité des masses dans (9.12) donne:

$$(9.16) \qquad a_n + \sum_{k=0}^{n-1} a_k \nu Q^{n-k}(1) = \pi Q^n(1).$$

Posons $t(x) = 1 - s(x)$. Par convexité de $l \to \log \mathbb{E}_\nu(t^l)$,

$$(9.17) \qquad \nu Q^{n-k}(1) = \mathbb{E}_\nu(t^{n-k}) \le \mathbb{E}_\nu(t^{n-k-1}) \frac{\mathbb{E}_\nu(t^n)}{\mathbb{E}_\nu(t^{n-1})}.$$

Par conséquent
$$(9.18)$$
$$\pi Q^n(1) \le a_n + \frac{\mathbb{E}_\nu(t^n)}{\mathbb{E}_\nu(t^{n-1})} \sum_{k=0}^{n-1} a_k \nu Q^{n-k-1}(1) = a_n + \frac{\mathbb{E}_\nu(t^n) \pi Q^{n-1}(1)}{\mathbb{E}_\nu(t^{n-1})}.$$

Donc

$$(9.19) \qquad a_n \mathbb{E}_\nu(t^{n-1}) \ge \pi Q^n(1) \mathbb{E}_\mu(T^{n-1}) - \mathbb{E}_\nu(T^n) \pi Q^{n-1}(1).$$

L'hypothèse $\mathcal{H}(\nu, s)$ sera donc satisfaite si

$$\mathbb{E}_\pi(t^n) \mathbb{E}_\nu(t^{n-1}) - \mathbb{E}_\nu(t^n) \mathbb{E}_\pi(t^{n-1}) \ge 0.$$

En revenant à la mesure d'occupation, cette inégalité équivaut à

$$\sum_{k \ge n} \left(\mathbb{E}_\nu(t^k) \mathbb{E}_\nu(t^{n-1}) - \mathbb{E}_\nu(t^n) \mathbb{E}_\pi(t^{k-1}) \right) \ge 0.$$

Comme $k \ge n$, la convexité de $l \to \log \mathbb{E}_\nu(t^l)$ assure que chaque terme de cette somme est positif, ce qui achève la preuve du lemme 9.3. ∎

La proposition 9.3 nous fournit donc l'évaluation suivante des coefficients de β-mélange de la chaîne ci-dessus en régime stationnaire.

Proposition 9.4. *Soit ν une loi diffuse (c'est à dire sans atome), s une fonction à valeurs dans $]0, 1]$ telle que $\nu(s) > 0$ et*

$$P(x, .) = s(x)\nu + (1 - s(x))\delta_x.$$

Supposons de plus que l'hypothèse (a) du lemme 9.3 est satisfaite et considérons la chaîne $(\xi_i)_{i \geq 0}$ stationnaire de noyau P et de loi d'entrée π définie par (9.16). Soit $\tau = \inf\{i > 0 : \xi_i \neq \xi_{i-1}\}$ et τ' une copie indépendante de τ. Alors, pour tout n positif,

$$\mathbb{P}(\tau > n) \leq \beta_n \leq \mathbb{P}(\tau + \tau' > n).$$

Preuve. La majoration provient de la proposition 9.3. et de la remarque 9.3. Pour la minoration, appliquer (9.12) avec $\lambda = \delta_x$, noter que $\delta_x Q^n = t^n \delta_x$ est étrangère à $\delta_x P^n - \pi - \delta_x Q^n$ et intégrer la minoration ainsi obtenue en x. ∎

Nous reviendrons ultérieurement sur cet exemple pour donner des minorations dans le TLC de Doukhan et al. (1994). Auparavant, nous allons donner des relations entre les temps d'entrée dans des ensembles de récurrence et les coefficients de mélange dans la section qui suit.

9.5. Petits ensembles et propriétés de mélange

Dans cette section nous étudions les relations existant entre les différents coefficients de mélange et les temps de passage dans des petits ensembles au sens de Nummelin (1984).

Définition 9.7. Soit P un noyau irréductible et récurrent, m une mesure d'irréductibilité maximale et D une partie mesurable telle que $m(D) > 0$. Nous dirons que D est un petit ensemble s'il existe une constante $\rho > 0$ et une mesure de probabilité ν telles que

$$P(x, .) \geq \rho \mathbb{1}_D(x)\nu.$$

La chaîne est dite récurrente au sens de Döblin quand l'espace d'états X est un petit ensemble; ces ensembles sont appelés *C-sets* par Orey (1971), *small sets* par Nummelin (1984), et *petite sets* par Meyn and Tweedie (1993).

Nous allons en premier montrer que les chaînes récurrentes au sens de Döblin sont géométriquement uniformément mélangeantes. Ce résultat, essentiellement dû à Döblin (1938), est énoncé et démontré dans Ueno (1961).

Proposition 9.5. *Soit P un noyau stochastique satisfaisant la condition de minoration suivante: il existe N entier positif, $\rho > 0$ et ν mesure de probabilité tels que $P^N(x, .) \geq \rho\nu$. Alors pour toute partie mesurable A telle que $\nu(A) > 0$, tout (x, x') dans $X \times X$ et tout entier positif k,*

(i) $$|P^{Nk}(x, A) - P^{Nk}(x', A)| \leq (1 - \rho)^k.$$

*De plus il existe une unique probabilité invariante π, et la chaîne de Markov
$\xi_i)_{i \in \mathbb{Z}}$ de noyau de transition P satisfait la condition de mélange uniforme*

$$(ii) \qquad\qquad \varphi_{Nk} \leq (1 - \rho)^k.$$

Preuve. Par récurrence sur k. Quand $k = 1$,

$$P^N(x, A) - P^N(x', A) = (P^N(x, A) - \rho\nu(A)) - (P^N(x', A) - \rho\nu(A)).$$

Donc

$$|P^N(x, A) - P^N(x', A)| \leq 1 - \rho.$$

Supposons que (i) soit vérifiée au rang k. Clairement

$$P^{Nk+N}(x, A) - P^{Nk+N}(x', A) =$$
$$\int_X (P^N(y, A) - \rho\nu(A))(Q^{Nk}(x, dy) - Q^{Nk}(x', dy)).$$

Mais la fonction numérique $y \to Q^N(y, A) - \rho\nu(A)$ est à valeurs dans $[0, 1 - \rho]$, et par conséquent, si

$$B_u = \{y \in X : P^N(y, A) - \rho\nu(A) > u\},$$

alors, en appliquant le théorème de Fubini,

$$|Q^{Nk+N}(x, A) - Q^{Nk+N}(x', A)| \leq \int_0^{1-\rho} (Q^{Nk}(x, B_u) - Q^{Nk}(x', B_u)) du.$$

Or sous l'hypothèse de récurrence

$$|Q^{Nk}(x, B_u) - Q^{Nk}(x', B_u)| \leq (1 - \rho)^k,$$

et donc (i) est vériffiée au rang (k+1).

Pour montrer (ii), notons que

$$\pi_0 = \mu + \nu(P^N - \rho\nu) + \cdots + \nu(P^N - \rho\nu)^k + \cdots$$

est une mesure positive invariante sous P^N, car

$$\pi_0(P^N - \rho\nu) = \pi_0 - \nu.$$

Donc la mesure

$$\pi_1 = \pi_0 + \pi_0 P + \cdots + \pi_0 P^{N-1}$$

possède des propriétés identiques. On pose alors $\pi = \pi_1/\pi_1(\mathcal{X})$. π est une loi invariante sous Q. De plus, d'après (i),

$$P^{Nk}(x', A) - \pi P^{Nk}(A) = \int_{\mathcal{X}} (P^{Nk}(x', A) - P^{Nk}(x, A))\pi(dx) \leq (1 - \rho)^k$$

ce qui assure que $\varphi_{Nk} \leq (1 - \rho)^k$.

Si π' est une autre loi invariante, alors

$$\pi'(A) - \pi(A) = \pi' P^{Nk}(A) - \pi P^{Nk}(A)$$
$$= \iint (P^{Nk}(x, A) - P^{Nk}(x', A))\pi \otimes \pi'(dx, dx'),$$

et donc

$$|\pi'(A) - \pi(A)| \leq (1 - \rho)^k$$

pour tout entier naturel k, ce qui implique que $\pi = \pi'$. ∎

Revenons au cas général. Nous nous proposons de relaxer les hypothèses de la section précédente. Avant de considérer les temps de retour dans les petits ensembles, nous allons relier les coefficients de β-mélange d'une chaîne irréductible et apériodique aux temps de renouvellement. Nous reprenons ici un résultat de Bolthausen (1980, 1982b), et nous étendons ce résultat à l'aide d'une proposition de Lindvall (1979) reliant l'instant de couplage de deux chaînes de noyau de transition P et de lois initiales indépendantes aux temps de renouvellement de ces chaînes. Dans un premier temps, nous allons rappeler la méthode de couplage, qui remonte à Döblin (1938). Nous reprenons ici les arguments de Pitman (1974).

Considérons deux lois initiales μ et λ. Définissons la chaîne $(\xi_i, \xi_i')_{i \geq 0}$ sur l'espace produit $X \times X$ ainsi: la loi initiale est $\mu \otimes \lambda$, et le noyau de transition est $P \otimes P$. Alors $(\xi_i)_{i \geq 0}$ est une chaîne de loi initiale μ et de noyau de transition P, et $(\xi_i')_{i \geq 0}$ est une chaîne de loi initiale λ et de noyau de transition P et ces chaînes sont indépendantes. Considérons maintenant les processus d'incidence $(\eta_i)_{i \geq 0}$ et $(\eta_i')_{i \geq 0}$ associés respectivement à ces deux chaînes (voir définition 9.5). Posons

$$(9.20) \qquad T = 1 + \inf\{i \geq 0 : \eta_i = \eta_i' = 1\}$$

(cette notation est justifiée car la suite $(\eta_i \eta_i')_{i \geq 0}$ est un processus d'incidence pour le renouvellement de la chaîne produit suivant la loi $\nu \otimes \nu$). Pour coupler les deux chaînes $(\xi_i)_{i \geq 0}$ et $(\xi_i')_{i \geq 0}$ à partir de l'instant T, on considère une variable ξ_T de loi ν indépendante des trajectoires avant T, et on prend et $\xi_i' = \xi_i$ pour $i \geq T$. L'instant T est alors appelé instant de couplage des deux chaînes. La chaîne modifiée $(\xi_i')_{i \geq 0}$ a encore la même loi, et la majoration de Pitman (1974) donne:

$$(9.21) \qquad \int_{X \times X} \|\delta_x P^n - \delta_y P^n\| \, \mu \otimes \lambda(dx, dy) \leq 2\mathbb{P}_{\mu \otimes \lambda}(T > n).$$

La preuve de (9.21) est immédiate, et donc sera omise. Dans le cas positivement récurrent, nous en déduisons, en prenant $\mu = \lambda = \pi$, que, en régime stationnaire,

$$(9.22) \qquad \beta_n \leq \mathbb{P}_{\pi \otimes \pi}(T > n).$$

Pour évaluer l'ordre de grandeur des coefficients de β-mélange, il suffit donc de connaître les fonctions croissantes qui intègrent T. Nous introduisons donc la classe de fonctions suivante.

Définition 9.8. Notons Λ_0 la classe des fonctions croissantes ψ de $\mathbb{N}$ dans $[2, +\infty[$ telles que la suite $(\log \psi(n))/n$ soit décroissante et tende vers 0 à l'infini. Pour ψ dans Λ_0, définissons la fonction cumulée associée par $\psi^0(k) = \sum_{i=0}^{k-1} \psi(i)$.

La proposition suivante, due à Lindvall (1979), généralise un résultat antérieur de Pitman (1974) (nous renvoyons à Lindvall pour la preuve).

Proposition 9.6. *Soit P un noyau stochastique irréductible, apériodique et récurrent, satisfaisant la condition de minoration $\mathcal{M}(1, s, \nu)$. Soit ψ élément de Λ_0. Supposons que (voir définition 9.5 pour les notations)*

$$(a) \qquad \mathbb{E}_\mu(\psi(T_0)) < \infty, \quad \mathbb{E}_\lambda(\psi(T_0)) < \infty \quad et \quad \mathbb{E}_\nu(\psi^0(T_0)) < \infty.$$

Alors $\mathbb{E}_{\mu \otimes \lambda}(\psi(T)) < \infty$.

Regardons maintenant le cas stationnaire, dans lequel $\lambda = \mu = \pi$. Par définition de π et d'après (9.4),

$$(9.23) \qquad \mathbb{E}_\nu(T_0)\mathbb{P}_\pi(T_0 = n + 1) = \mathbb{P}_\nu(T_0 > n).$$

Par conséquent

$$(9.24) \qquad \mathbb{E}_\nu(\psi^0(T_0)) = \mathbb{E}_\nu(T_0) \sum_{k \geq 0} \mathbb{P}_\pi(T_0 = k + 1)\psi(k) \leq \mathbb{E}_\pi(\psi(T_0)).$$

De (9.22) et de la proposition 9.6. nous tirons donc le corollaire suivant.

Corollaire 9.1. *Soit P un noyau stochastique irréductible, apériodique et positivement récurrent, satisfaisant la condition de minoration $\mathcal{M}(1, s, \nu)$. Si, pour la probabilité invariante π et pour ψ élément de Λ_0, $\mathbb{E}_\pi(\psi(T_0)) < \infty$, alors*

$$\int_0^1 \psi(\beta^{-1}(u))du < +\infty.$$

Remarque 9.5. De ce corollaire nous pouvons déduire le résultat suivant. Supposons que le temps de retour T_0 ait une transformée de Laplace finie dans un voisinage de l'origine. Alors la variable $\beta^{-1}(U)$ a une transformée de Laplace finie dans un (autre) voisinage de l'origine. En effet, si il n'en était pas ainsi, alors on aurait $\mathbb{E}(\exp(\varepsilon\beta^{-1}(U))) = \infty$ pour tout $\varepsilon > 0$. On pourrait alors construire ψ dans Λ_0 telle que $\mathbb{E}(\psi(\beta^{-1}(U))) = \infty$. De là la contradiction. Donc, sous les hypothèses du corollaire 9.1, l'ergodicité géométrique entraîne le β-mélange géométrique.

Pour finir, donnons des relations entre les temps de retour dans des petits ensembles et les coefficients de régularité absolue. Nous nous plaçons ici dans le cadre proposé par Tuominen et Tweedie (1994).

Définition 9.9. Si f est une fonction mesurable de X dans $[1, \infty]$ et m une mesure signée, la f-variation de m est définie par

$$\|m\|_f = \sup\{|m(g)| : |g| \le f\}.$$

Définition 9.10. Soit $\tau_D = \inf\{n > 0 : \xi_n \in D\}$ le premier temps d'entrée dans D. Nous dirons que la chaîne irréductible et apériodique $(\xi_i)_{i \ge 0}$ est (f, ψ)-ergodique si il existe un petit ensemble D tel que

$$(9.25) \qquad \sup_{x \in D} \mathbb{E}_x \left(\sum_{i=o}^{\tau_D - 1} \psi(i) f(\xi_i) \right) < \infty.$$

Nous allons en premier énoncer le critère d'ergodicité de Tuominen et Tweedie (1994).

Théorème 9.2. *Soit P un noyau stochastique irréductible et apériodique et ψ un élément de Λ_0. La chaîne $(\xi_i)_{i \ge 0}$ de noyau P est (f, ψ)-ergodique si et seulement si il existe une suite $(\bar{V}_n)_{n \ge 0}$ de fonctions mesurables de X dans $\bar{\mathbb{R}}^+$, un petit ensemble D et une constante positive b tels que V_0 soit bornée sur D, $V_1(x)$ soit infini dès que $V_0(x)$ est infini, et, pour tout n positif,*

$$(9.26) \qquad \psi(n) f \le V_n - P V_{n+1} + b\psi(n) \mathbb{I}_D.$$

Preuve. Nous renvoyons à Tuominen et Tweedie (1994) pour l'existence d'une telle suite sous la (f, ψ)-ergodicité. Nous montrerons ici la réciproque (plus facile). Appliquons (9.26) avec $n = i$ à $x = \xi_i$, sommons de $i = 0$ à $\tau_D - 1$ et prenons l'espérance sous $\xi_0 = x$:

$$\mathbb{E}_x \left(\sum_{i=o}^{\tau_D - 1} \psi(i) f(\xi_i) \right) \le \sum_{i=o}^{\tau_D - 1} \mathbb{E}_x(V_i(\xi_i) - P V_{i+1}(\xi_i)) + b\psi(0) \mathbb{I}_{x \in D}.$$

Mais $\mathbb{E}_x(P V_{i+1}(\xi_i)) = \mathbb{E}_x(V_{i+1}(\xi_{i+1}))$, et donc l'inégalité ci-dessus implique que

$$(9.27) \qquad \mathbb{E}_x \left(\sum_{i=o}^{\tau_D - 1} \psi(i) f(\xi_i) \right) \le V_0(x) + b\psi(0) \mathbb{I}_{x \in D}.$$

Puisque V_0 est bornée sur D, ceci implique (9.25).

Donnons maintenant les conséquences de la (f, ψ)-ergodicité de la chaîne sur la régularité absolue. Nous renvoyons aux théorèmes 3.6 (i) et 4.3 dans Tuominen et Tweedie (1994) pour la preuve.

Théorème 9.3. *Soit P un noyau stochastique irréductible et apériodique, ψ un élément de Λ_0. Supposons que la chaîne $(\xi_i)_{i \geq 0}$ (f, ψ^0)-ergodique. Alors elle est positivement récurrente et la probabilité invariante π satisfait*

$$\sum_{n=0}^{\infty} \psi(n) \int_X \|P^n(x, .) - \pi\|_f \, \pi(dx).$$

En particulier quand $f = 1$, $\mathbb{E}(\psi^0(\beta^{-1}(U))) < \infty$.

9.6. De la vitesse de mélange fort à l'ergodicité avec vitesse

Dans cette section, nous donnons des relations entre les coefficients de mélange fort et l'intégrabilité des temps de renouvellement d'une chaîne irréductible. Ces relations ainsi que les résultats de la section précédente nous permettent ensuite de montrer que les queues de distribution des variables $\alpha^{-1}(U)$, T_0 et $\beta^{-1}(U)$ sont du même ordre de grandeur quand ces variables sont intégrables. Les coefficients de α-mélange fort et de β-mélange sont donc du même ordre de grandeur pour les chaînes irréductibles.

Pour commencer, relions les coefficients de mélange de la chaîne $(\xi_i)_{i \geq 0}$ munie de sa filtration naturelle (appelée parfois histoire interne) aux coefficients de mélange de la chaîne complétée $(\xi_i, U_i)_{i \geq 0}$ définie dans la section 9.3. Notre résultat est similaire au lemme 5 de Bolthausen (1982b).

Lemme 9.4. *Notons respectivement $(\tilde{\alpha}_n)_{n \geq 0}$ et $(\tilde{\beta}_n)_{n \geq 0}$ les suites de coefficients de mélange fort et de β-mélange de la chaîne complétée. Alors, pour tout entier naturel n,*

$$\tilde{\alpha}_{n+1} \leq \alpha_n \leq \tilde{\alpha}_n \quad et \quad \tilde{\beta}_{n+1} \leq \beta_n \leq \tilde{\beta}_n.$$

Preuve. Si $\mathcal{C}$ est une tribu indépendante de $\mathcal{A} \vee \mathcal{B}$, alors il est facile de montrer que

$$\alpha(\mathcal{A}, \mathcal{B} \vee \mathcal{C}) = \alpha(\mathcal{A}, \mathcal{B}).$$

Par conséquent, puisque U_{k+n} est indépendante de $(\xi_{k+n}, \xi_{k-1}, U_{k-1})$, d'après (1.10b),

$$\tilde{\alpha}_{n+1} = \sup_{k > 0} \sup_{B \in \mathcal{B}(\mathbf{R})} \mathbb{E}(|\mathbb{P}(\xi_{k+n} \in B \mid (\xi_{k-1}, U_{k-1}) - \mathbb{E}(f(\xi_{k+n}))|).$$

Si l'on remplace $\mathcal{F}_{k-1}$ par $\mathcal{F}_{k-1} \vee \sigma(\xi_k)$, le terme de droite s'accroît, et comme ξ_{k+n} est une fonction de ξ_k et des variables $(U_i, \varepsilon_i)_{i \in [k, k+n[}$, nous en déduisons que

$$\tilde{\alpha}_{n+1} \leq \sup_{k>0} \sup_{B \in \mathcal{B}(\mathbf{R})} \mathbb{E}(|\mathbb{P}(\xi_{k+n} \in B \mid \xi_k) - \mathbb{E}(f(\xi_{k+n}))|) \leq \alpha_n.$$

La comparaison entre β_n et $\tilde{\beta}_{n+1}$ se fait à l'aide d'arguments analogues. ∎

Comparons maintenant les coefficients de mélange fort à la queue de distribution des temps de renouvellement.

Proposition 9.7. *Soit P un noyau stochastique irréductible, apériodique et positivement récurrent, satisfaisant la condition de minoration $\mathcal{M}(1, s, \nu)$. Soit ψ élément de Λ_0. Supposons que, pour la chaîne $(\xi_i)_{i \geq 0}$ de noyau P et de loi d'entrée la loi invariante π, $\sum_n \psi(n)\alpha_n < \infty$. Alors, avec les notations de la proposition 9.5, $\mathbb{E}_\pi(\psi^0(T_0)) < \infty$, et par conséquent $\sum_n \psi(n)\beta_n < \infty$.*

Remarque 9.6. En procédant comme dans la remarque 9.5, nous pouvons déduire de cette proposition le fait suivant: si la chaîne stationnaire de noyau P est géométriquement fortement mélangeante, alors les temps de renouvellement ont une transformée de Laplace finie dans un voisinage de 0, et donc la chaîne est géométriquement β-mélangeante.

Preuve. Appliquons (9.12) avec $\lambda = \nu$ et égalons les masses totales des mesures. Nous obtenons

$$(9.28) \qquad \pi Q^n(1) = \sum_{k=0}^{n-1} (\nu P^k(s) - \pi(s))\nu Q^{n-k-1}(1) + \nu Q^n(1).$$

Or, d'après (9.4),

$$\pi(s)\nu Q^l(1) = \pi(s) \sum_{n \geq 0} \nu Q^{n+l}(s) = \mathbb{P}_\pi(T_0 = l + 1).$$

Donc (9.28) s'écrit encore

$$\pi(s)\mathbb{P}_\pi(T_0 > n) = \sum_{k=0}^{n} (\nu P^k(s) - \pi(s))\mathbb{P}_\pi(T_0 = n - k) + \mathbb{P}_\pi(T_0 = n + 1).$$

Or

$$\nu P^k(s) - \pi(s) = \mathbb{E}_\pi(s(\xi_{k+1}) \mid s(\xi_0) \geq U_0) - \mathbb{E}_\pi(s(\xi_{k+1})),$$

et donc

$$(9.29) \qquad \pi(s)|\nu P^k(s) - \pi(s)| \leq \tilde{\alpha}_{k+1} \leq \alpha_k.$$

En multipliant (9.29) par $\psi(n)$, en sommant en n et en notant que

$$\psi(i+j) \leq \psi(i)\psi(j)$$

(voir Stone et Wainger (1967), lemme 1), nous en déduisons que
(9.30)
$$\sum_{n\geq 0} \mathbb{P}_\pi(T_0 = n)\psi^0(n) \leq (\pi(s))^{-2}\Big(1 + \sum_{k\geq 0}\alpha_k\psi(k)\Big)\sum_{n\geq 0}\mathbb{P}_\pi(T_0 = n)\psi(n).$$

Pour $M > 2$, posons $\psi_M(n) = \psi(n) \wedge M$. Considérons une fonction ψ dans Λ_0 telle que $\sum_n \psi(n)\alpha_n < \infty$ et posons

$$C_\psi = (\pi(s))^{-2}\Big(1 + \sum_{k\geq 0}\alpha_k\psi(k)\Big).$$

En appliquant (9.30) à $\psi_M \leq \psi$, nous obtenons

(9.31)
$$\sum_{n\geq 0}\mathbb{P}_\pi(T_0 = n)\psi_M^0(n) \leq C_\psi\sum_{n\geq 0}\mathbb{P}_\pi(T_0 = n)\psi_M(n).$$

Supposons maitenant que la série $\sum_n \mathbb{P}_\pi(T_0 = n)\psi(n)$ soit divergente. Alors, pour tout n_0 positif, la fonction

$$\sum_{n\geq n_0}\mathbb{P}_\pi(T_0 = n)\psi_M(n) = g(M)$$

est équivalente à la fonction $\sum_{n\geq 0}\mathbb{P}_\pi(T_0 = n)\psi_M(n)$ quand M tend vers l'infini. Donc, par (9.31), pour tout entier positif n_0

(9.32)
$$\limsup_{M\to+\infty}\frac{1}{g(M)}\sum_{n\geq n_0}\mathbb{P}_\pi(T_0 = n)\psi_M^0(n) \leq C_\psi.$$

Or d'après le lemme 2 dans Stone et Wainger (1967), pour tout ε positif et tout entier j_0, il existe une constante $c(\varepsilon, j_0)$ telle que

(9.33)
$$\psi(n) \leq (1+\varepsilon)\psi(n-j) + c(\varepsilon, i_0)$$

pour tout $n > j_0$ et tout $j \leq j_0$. Donc, pour tout j_0 positif, il existe un rang n_0 à partir duquel $2\psi(n-j) \geq \psi(n)$ tant que $j \leq j_0$. Cette inégalité est encore vraie pour ψ_M, et donc $2\psi_M^0(n) \geq j_0\psi_M(n)$ pour $n \geq n_0$. Ainsi, pour ce choix de n_0,

$$\frac{1}{g(M)}\sum_{n\geq n_0}\mathbb{P}_\pi(T_0 = n)\psi_M^0(n) \geq \frac{j_0}{2},$$

ce qui contredit (9.32). Pour obtenir la seconde assertion. il suffit d'appliquer le corollaire 9.1. ∎

En adaptant les arguments de l'exercice 6, chapitre 1, il est possible de tirer de la proposition 9.7 le corollaire suivant. La restriction de moment sur $f(\xi_0)$ dans ce corollaire est due au fait que nous devons considérer seulement les fonctions cumulées ψ^0 construites à partir de fonctions ψ de Λ_0.

Corollaire 9.2. *Soit P un noyau stochastique irréductible, apériodique et positivement récurrent, satisfaisant la condition de minoration $\mathcal{M}(1, s, \nu)$. Soit $(\xi_i)_{i \geq 0}$ la chaîne de noyau P et de loi d'entrée la loi invariante π. Alors, pour toute fonction numérique f telle que $\mathbb{E}(f^2(\xi_0) \log^+ |f(\xi_0)|) < \infty$, les trois intégrales suivantes sont de même nature (convergentes ou divergentes simultanément):*

$$\int_0^1 Q_{T_0}(u) Q_{f(\xi_0)}^2(u) du, \quad \int_0^1 \alpha^{-1}(u) Q_{f(\xi_0)}^2(u) du \quad et \quad \int_0^1 \beta^{-1}(u) Q_{f(\xi_0)}^2(u) du.$$

Ce corollaire 9.2 montre que le TLC de Doukhan et al.(1994) pour les suites fortement mélangeantes et les TLC pour les fonctions de chaînes de Markov irréductibles, apériodiques et positivement récurrentes sont proches en un certain sens.

9.7. Minorations dans le TLC pour les suites mélangeantes

Le propos de cette section est de montrer l'optimalité de la condition DMR. Analysons le corollaire 9.2. Si la seconde intégrale diverge, la première diverge aussi. Donc, si nous pouvons montrer que, pour un noyau P une fonction f bien choisis, la divergence de la première intégrale implique la non finitude du moment d'ordre deux de $\sum_{i=T_0}^{T_1-1} f(\xi_i)$ est fini (les temps T_0 et T_1 sont définis dans la section 9.3), nous aurons montré l'optimalité du TLC pour les suites fortement mélangeantes. Un noyau adéquat sera ici le noyau P du lemme 9.3. A l'aide de ce noyau, nous obtenons le théorème suivant. Notons que ce noyau peut aussi être utilisé pour obtenir des minorations dans la loi du logarithme itéré (voir Doukhan et al. (1994), proposition 3) et dans les lois fortes de type Marcinkiewicz-Zygmund (voir Rio (1995a), théorème 2). Bradley (1997) obtient des minorations pour des taux de mélange quelconques, mais les suites construites pour obtenir un contre-exemple ne sont alors plus des fonctions instantanées de chaînes de Markov.

Théorème 9.4. *Pour tout $a > 1$, il existe une chaîne de Markov stationnaire $(U_i)_{i \in \mathbb{z}}$ de variables aléatoires de loi uniforme sur $[0, 1]$ et de coefficients de β-mélange $(\beta_n)_n$ telle que*
(i) $\quad 0 < \liminf_{n \to +\infty} n^a \beta_n \leq \limsup_{n \to +\infty} n^a \beta_n < \infty.$

(ii) pour toute fonction integrable $f :]0,1] \to \mathbb{R}$ vérifiant

(a)
$$\int_0^1 u^{-1/a} f^2(u) du = +\infty,$$

$n^{-1/2} \sum_{i=1}^n [f(U_i) - \mathbb{E}(f(U_i))]$ *ne converge pas en loi vers une loi normale.*

De ce théorème et du corollaire 9.2, nous tirons la conséquence suivante (voir Doukhan ety al. (1994) pour une preuve).

Corollaire 9.3. *Soit $a > 1$ et F toute fonction de répartition continue correspondant à une variable aléatoire Z intégrable et centrée. Si*

(a)
$$\int_0^1 u^{-1/a} Q_Z^2(u) du = +\infty,$$

alors il existe une chaîne de Markov stationnaire $(Z_i)_{i \in \mathbb{Z}}$ de variables aléatoires de loi F telle que

(i) $0 < \liminf_{n \to +\infty} n^a \alpha_n \le \limsup_{n \to +\infty} n^a \beta_n < \infty$, *où $(\alpha_n)_n$ and $(\beta_n)_n$ désignent respectivement les coefficients de mélange fort et de β-mélange de $(Z_i)_{i \in \mathbb{Z}}$.*

(ii) $n^{-1/2} \sum_{i=1}^n Z_i$ *ne converge pas en loi vers une loi normale.*

Preuve du théorème 9.4. Soit $P(x, .) = s(x)\nu + (1-s(x))\delta_x$ le noyau du lemme 9.3. Prenons $\mathcal{X} =]0,1]$ et $s(x) = x$. Soit λ la mesure de Lebesgue sur $[0,1]$. La mesure de renouvellement ν est définie par $\nu = (1+a)x^a \lambda$ pour $a > 0$. Alors la chaîne est positivement récurrente et a pour unique probabilité invariante $\pi = ax^{a-1}\lambda$ (voir la preuve du lemme 9.3). Soit $t(x) = 1 - x$. pour tout $k > 0$,

(9.34)
$$\mathbb{P}_\pi(\tau > k) = \mathbb{E}_\pi(t^k) = k^{-a} \int_0^k (1 - x/k)^k a x^{a-1} dx.$$

Donc, si Γ désigne la fonction Γ,

(9.35)
$$\lim_{k \to +\infty} k^a \mathbb{E}_\pi(t^k) = a\Gamma(a).$$

Puisque la fonction de répartition de la loi π est $F_\pi(x) = x^a$, la suite $(U_i)_i$ définie par $U_i = \xi_i^a$ est une chaîne de Markov stationnaire de variables aléatoires de loi uniforme sur $[0,1]$ dont les coefficients de β-mélange sont identiques à ceux de la chaîne $(\xi_i)_{i \in \mathbb{Z}}$. (i) du théorème 9.4 découle de la proposition 9.4 et de (9.35).

Pour montrer (ii), nous pouvons supposer que $\mathbb{E}(f(U_i)) = 0$. Montrons que certaines sommes composées de la suite $(f(U_i))_{i \in \mathbb{Z}}$ sont des sommes

partielles de variables aléatoires i.i.d. Reprenons les notations de la définition 9.5.

$$(9.36) \qquad \sum_{i=1}^{T_n-1} f(U_i) = \sum_{i=1}^{\tau-1} f(U_i) + \sum_{k=0}^{n-1} \tau_k f(U_{T_k}).$$

Montrons que

$$(9.37) \qquad \sum_{i=1}^{T_n-1} f(U_i) - \sum_{i=1}^{[n\mathbf{E}(\tau_1)]} f(U_i) = o_P(\sqrt{n}).$$

Pour montrer (9.37), notons que les v.a. $(X_{T_k}, \tau_k)_{k>0}$ sont équidistribuées et indépendantes. Posons $\zeta_k = X_{T_k}$. Les variables ζ_k sont i.i.d. de
loi ν, et

$$(9.38) \qquad \mathbb{P}(\tau_k > n \mid \zeta_k = \zeta) = (1-\zeta)^n.$$

Comme $a > 1$, (9.38) assure que $\mathbb{E}(\tau_1^2) < \infty$, ce qui implique la convergence
en loi de $(T_n - n\mathbb{E}(\tau_1))/\sqrt{n}$ vers une gaussienne. Donc, pour tout $\epsilon > 0$, il
existe $A > 0$ tel que

$$(9.39) \qquad \liminf_{n\to+\infty} \mathbb{P}(n\mathbb{E}(\tau_1) \in [T_{[n-A\sqrt{n}]}, T_{[n+A\sqrt{n}]}]) \geq 1 - \epsilon.$$

Or, par (9.38),

$$\mathbb{E}|\tau_k f(U_{T_k})| = \int_0^1 |f(\zeta^a)| \alpha \zeta^{a-1} d\zeta < \infty \quad \text{et} \quad \mathbb{E}(\tau_k f(U_{T_k})) = 0.$$

Donc la loi forte des grands nombres appliquée à la suite $(\tau_k f(U_{T_k}))_{k>0}$
assure que

$$n^{-1/2} \sup_{m\in[n-A\sqrt{n}, n+A\sqrt{n}]} \left| \sum_{k=1}^{n} \mathbb{E}(\tau_k f(U_{T_k})) - \sum_{k=1}^{m} \mathbb{E}(\tau_k f(U_{T_k})) \right| \longrightarrow_P 0$$

quand n tend vers l'infini. Comme, d'après (9.36), la variable ci-dessus
majore

$$n^{-1/2} \left| \sum_{i=1}^{T_n-1} f(U_i) - \sum_{i=1}^{[n\mathbf{E}(\tau_1)]} f(U_i) \right|$$

sur l'évènement $(n\mathbb{E}(\tau_1) \in [T_{[n-A\sqrt{n}]}, T_{[n+A\sqrt{n}]}])$. (9.38) et l'inégalité ci-
dessus entraînent donc (9.37).

Il découle maintenant de (9.37) que si

$$\Delta_n = n^{-1/2} \sum_{k=0}^{n-1} \tau_k f(U_{T_k})$$

ne converge pas en loi vers une normale, il en va de même pour la variable aléatoire $n^{-1/2} \sum_{i=1}^{n} f(U_i)$. Or, par la réciproque du TLC pour les suites de variables i.i.d. [voir Feller (1950)], Δ_n converge en loi vers une loi normale si et seulement si

$$\mathbb{E}(\tau_k^2 f^2(U_{T_k})) < \infty.$$

D'après (9.38), cette condition est réalisée si et seulement si

$$\mathbb{E}(\zeta_1^{-2}[f(\zeta_1^a)]^2) = (1+a) \int_0^1 \zeta^{a-2}[f(\zeta^a)]^2 d\zeta < \infty.$$

Pour obtenir (ii) du théorème 9.4, il suffit alors d'effectuer la changement de variable $u = \zeta^a$. ∎

EXERCICES

1) Soit $p > 2$. Montrer, en partant de la chaîne de Markov $(U_i)_{i \in \mathbb{Z}}$ du théorème 9.4, que, pour tout $a > 1$ et toute fonction de répartition F continue telle que

$$\int_{\mathbb{R}} |x|^p dF(x) < \infty \quad \text{et} \quad \int_{\mathbb{R}} x dF(x) = 0,$$

on peut trouver une suite stationnaire $(X_i)_{i \in \mathbb{Z}}$ de variables aléatoires de loi F absolument régulière, de coefficients de β-mélange β_i de l'ordre de i^{-a}, telle que

$$\mathbb{E}(|S_n|^p) \geq cn^p \int_0^{n^{-a}} Q_0^p(u) du,$$

où $c > 0$ est une constante. Indication: prendre $X_i = F^{-1}(U_i)$ ou $X_i = F^{-1}(1 - U_i)$ suivant les cas. Comparer avec les majorations obtenues dans le théorème 6.3.

2) Soit $(\xi_i)_{i \in \mathbb{Z}}$ une chaîne de Markov stationnaire telle que φ_n converge vers 0 . Montrer qu'alors φ_n converge vers 0 avec une vitesse géométrique.

ANNEXES

A. Dualité de Young et espaces d'Orlicz

Dans cette annexe, nous rappelons quelques propriétés essentielles de la transformation de Young des fonctions convexes ainsi que quelques applications élémentaires aux espaces d'Orlicz. Considérons la classe de fonctions convexes

$$\bar{\Phi} = \{\phi : \mathbb{R}^+ \to \bar{\mathbb{R}}^+ : \phi \text{ convexe, croissante, continue à gauche, } \phi(0) = 0\}.$$

Par continuité à gauche, nous entendons que, si ϕ est prolongée par continuité en la borne supérieure de son domaine de définition D_ϕ.

a.1. Dualité de Young. Pour ϕ dans $\bar{\Phi}$, soit

$$G_\phi = \{(x, y) \in D_\phi : y > \phi(x)\}$$

le sur-graphe de ϕ et $\bar{G}_\phi$ son adhérence. La duale de young ϕ^* de la fonction ϕ est définie par

$$\phi^*(\lambda) = \sup_{x \in D_\phi} (\lambda x - \phi(x)) \quad \text{pour} \quad \lambda \geq 0.$$

Ainsi $z = \phi(\lambda)$ si et seulement si la droite d'équation $y = \lambda x - z$ est tangente à G_ϕ, c'est à dire qu'elle intersecte $\bar{G}_\phi$ et n'intersecte pas G_ϕ. Donc

$$(A.1) \quad z \geq \phi^*(\lambda) \text{ si et seulement si } \{(x, y) \in \mathbb{R}^2 : y = \lambda x - z\} \cap G_\phi = \emptyset.$$

Nous allons maintenant déduire de (A.1) l'appartenance de ϕ^* à $\bar{\Phi}$. En effet $\phi(0) = 0$ car la droite $y = -z$ n'intersecte pas G_ϕ si et seulement si $z \geq 0$, ϕ est croissante car, pour $\lambda > \lambda'$, la droite d'équation $y = \lambda' x - \phi(\lambda)$ n'intersecte pas G_ϕ, ce qui montre que $\phi(\lambda) \geq \phi(\lambda')$ via (A.1). Pour montrer la convexité de ϕ^*, considérons le point d'intersection A des deux droites d'équations respectives $y = \lambda x - \phi(\lambda)$ et $y = \lambda' x - \phi(\lambda')$, où $\lambda' < \lambda$. Soit t dans $[0, 1]$. La droite passant par A et ayant pour pente $t\lambda + (1-t)\lambda'$ n'intersecte pas G_ϕ et coupe l'axe $x = 0$ à la hauteur $t\phi(\lambda) + (1-t)\phi(\lambda')$. La convexité de ϕ^* découle donc de (A.1). Enfin, si λ_0 est la borne supérieure du domaine de définition de ϕ^* et si $\lim_{\lambda \nearrow \lambda_0} \phi^*(\lambda) = l$, la famille de droites $y = \lambda x - \phi(\lambda)$ a pour limite la droite $y = \lambda_0 x - l$ quand λ croit vers λ_0, et par conséquent cette droite n'intersecte pas G_ϕ. Donc $\phi(\lambda_0) = l$ par (A.1) et ϕ^* est continue à gauche.

Montrons maintenant que $\phi^{**} = \phi$. Comme ϕ est convexe

$$(A.2) \qquad G_\phi = \bigcap_{(\lambda,z):z \geq \phi^*(\lambda)} \{(x,y) \in \mathbb{R}_+ \times \mathbb{R} : y > \lambda x - z\}.$$

Or, à x fixé, $y > \phi^{**}(x)$ si et seulement si la droite de pente x passant par $(0, -y)$ n'intersecte pas $\bar{G}_{\phi^*}$, autrement dit si, pour tout couple (λ, z) de réels positif tel que $z \geq \phi^*(\lambda)$, $z > \lambda x - y$. Il résulte donc de (A.2) que $G_\phi = G_{\phi^{**}}$, et $\phi = \phi^{**}$.

Montrons maintenant que les dérivées de ϕ est de ϕ^* sont liées par la relation suivante.

$$(A.3) \quad (\phi^*)'(\lambda+0) = \phi'^{-1}(\lambda+0) \text{ et } (\phi^*)'(\lambda-0) = \phi'^{-1}(\lambda-0) = \phi'^{-1}(\lambda).$$

Pour démontrer (A.3), considérons les points de contact de la droite $y = \lambda x - \phi^*(\lambda)$ avec $\bar{G}_\phi$. Puisque nous avons pris l'inverse continue à gauche, le point de contact le plus à droite a pour abcisse $x(\lambda) = \phi'^{-1}(\lambda+0)$. Étudions la différentiabilité à droite de ϕ^*. Soit $\varepsilon > 0$ quelconque. Considérons la droite de pente $\lambda+\varepsilon$ passant par le point $(x(\lambda), \phi(x(\lambda)))$. Cette droite coupe l'axe $x = 0$ à la hauteur $\phi^*(\lambda) + \varepsilon x(\lambda)$. Or, pour $x > x(\lambda)$, $\phi'(x) > \lambda$. Donc pour $x > x(\lambda)$ et ε assez petit, $\phi'(x) \geq \lambda + \varepsilon$, ce qui implique que

$$(A.4) \qquad \phi^*(\lambda) + \varepsilon x(\lambda) \leq \phi^*(\lambda + \varepsilon x) \leq \phi^*(\lambda) + \varepsilon x.$$

De (A.4), nous tirons la première partie de (A.3). Pour obtenir le seconde partie, il suffit de considérer le point de contact le plus à gauche.

a.2. Espaces d'Orlicz. Pour ϕ élément non dégénéré de $\bar{\Phi}$, on définit la norme de Luxembourg associée à ϕ ainsi. Si Z est une variable aléatoire à valeurs dans un espace vectoriel normé $(E, |\,.\,|)$, on pose

$$(A.5) \qquad \|Z\|_\phi = \inf\{c > 0 : \mathbb{E}(\phi(|Z|/c) \leq 1\}$$

quand il existe $c > 0$ tel que $\phi(|Z|/c)$ soit intégrable et $\|Z\|_\phi = +\infty$ sinon.

Montrons que $\|\,.\,\|_\phi$ est une norme. L'homogénéité de $\|Z\|_\phi$ est claire. l'inégalité triangulaire découle de la convexité de ϕ: en effet, pour $c > \|Z\|_\phi$ et $c' > \|Z'\|_\phi$,

$$(A.6)$$
$$\mathbb{E}\left(\phi(|Z + Z'|/(c + c'))\right) \leq \frac{c}{c+c'}\mathbb{E}(\phi(|Z|/c)) + \frac{c'}{c+c'}\mathbb{E}(\phi(|Z'|/c')) \leq 1.$$

Soient X et Y deux variables aléatoires réelles positives, Par définition de ϕ^*, pour tout couple (x, y) de réels positifs, $xy \leq \phi(x) + \phi^*(y)$. Cette inégalité est appelée inégalité de Young et a pour conséquence les majorations suivantes:

$$(A.7) \qquad \mathbb{E}(XY) \leq \mathbb{E}(\phi(X) + \phi^*(Y)).$$

Soit L^ϕ l'espace normé des v.a. réelles Z telles que $\|Z\|_\phi < \infty$. Soit $c > \|X\|_\phi$ et $c' > \|Y\|_{\phi^*}$, En appliquant (A.7) à $(X/c, Y/c')$, Il vient: $\mathbb{E}(XY) \le 2cc'$. En faisant tendre c vers $\|X\|_\phi$ et c' vers $\|Y\|_{\phi^*}$, nous en déduisons que

$$(A.8) \quad \mathbb{E}(XY) \le 2\|X\|_\phi \|Y\|_{\phi^*} \text{ pour tout } X \in L^\phi \text{ et tout } Y \in L^{\phi^*}.$$

Cette inégalité est une généralisation de l'inégalité de Hölder, à une constante près. Nous renvoyons à Dellacherie et Meyer (1975) pour plus de détails sur les espaces d'Orlicz.

a.3. Applications, calcul de quelques duales de Young. En premier considérons les fonctions $\phi(x) = p^{-1} x^p$ pour $p > 1$. Sa duale de Young est la fonction $\phi^*(y) = q^{-1} y^q$ si $q = p/(p-1)$ est l'exposant conjugué de p. Dans ce cas (A.7) s'écrit

$$(A.9) \qquad \mathbb{E}(XY) \le \frac{1}{p}\mathbb{E}(X^p) + \frac{1}{q}\mathbb{E}(Y^q).$$

En divisant X par $\|X\|_p$ et Y par $\|Y\|_q$, on obtient l'inégalité de Hölder

$$(A.10) \qquad \mathbb{E}(XY) \le (\mathbb{E}(X^p))^{1/p}(\mathbb{E}(Y^q))^{1/q}.$$

Notons que (A.8) ne redonne (A.10) que pour $p = q = 2$. Dans le cas général, l'inégalité (A.8) conduit à une perte multiplicative de $2p^{-1/p}q^{-1/q}$.

Calculons la duale de Young de $\phi(x) = e^x - 1 - x$. La tangente à la courbe en $(t, \phi(t))$ a pour équation $y - \phi(t) = (x-t)(e^t - 1)$, et donc $\phi(e^t - 1) = (t-1)e^t + 1$. Si $\lambda = e^t - 1$, alors $t = \log(1+\lambda)$ et donc

$$(A.11) \quad \phi(\lambda) = (1+\lambda)(\log(1+\lambda) - 1) + 1 = (1+\lambda)\log(1+\lambda) - \lambda.$$

Transformations affines. Soit A l'application affine définie par $A(x,y) = (ax, by + cx)$, avec $a > 0$, $b > 0$ et $c \ge 0$. Notons ϕ_A l'application dont le graphe est l'image par A du graphe de ϕ. Alors

$$(A.12) \qquad \phi_A(x) = b\phi(x/a) + cx/a.$$

Comme la tangente á G_ϕ de pente λ se transforme en la tangente à G_{ϕ_A} de pente $(b\lambda + c)/a$ par l'application A, nous obtenons:
$$(A.13)$$
$$\phi_A^*(\lambda') = b\phi^*((a\lambda' - c)/b) \text{ pour tout } \lambda' \ge c/a \text{ et } \phi_A^*(\lambda') = 0 \text{ sinon.}$$

B. Inégalités exponentielles pour les v.a.r. indépendantes

Nous allons en premier rappeler et démontrer une version de l'inégalité de Bennett pour les sommes de variables aléatoires non centrées, due à Fuk et Nagaev (1971).

Dans ce qui suit, $Z_1, Z_2, \ldots$ est une famille de v.a. réelles indépendantes. On pose $S_0 = 0$,

$$S_k = (Z_1 - \mathbb{E}(Z_1)) + \cdots + (Z_k - \mathbb{E}(Z_k)) \text{ et } S_n^* = \max(S_0, S_1, \ldots, S_n).$$

Théorème B.1. *Soient $Z_1, \ldots, Z_n$ une famille de variables aléatoires réelles indépendantes de carré intégrable. Supposons de plus qu'il existe une constante positive K telle que $Z_i \leq K$ p.s. pour tout i dans $[1, n]$. Alors, pour tout $V \geq \mathbb{E}(Z_1^2) + \cdots + \mathbb{E}(Z_n^2)$ et tout λ positif,*

$$(a) \qquad\qquad \mathbb{P}(S_n^* \geq \lambda) \leq \exp(-K^{-2}Vh(\lambda K/V)),$$

où $h(x) = (1 + x)\log(1 + x) - x$. Si de plus $|Z_i| \leq K$ p.s. pour tout i dans $[1, n]$, alors

$$(b) \qquad\qquad \mathbb{P}(\sup_{k \in [1,n]} |S_k| \geq \lambda) \leq 2\exp(-K^{-2}Vh(\lambda K/V)).$$

Preuve. Rappelons tout d'abord la méthode de Crámer-Chernoff dans le lemme suivant.

Lemme B.1. *Soient $Z_1, \ldots, Z_n$ une famille de variables aléatoires réelles indépendantes, telles que, pour un réel $t_0 > 0$, $\mathbb{E}(\exp(t_0 Z_i)) < \infty$ pour tout i dans $[1, n]$. Si γ est une fonction convexe et croissante sur $\mathbb{R}^+$ telle que $\gamma(t) \geq \log \mathbb{E}(\exp(tS_n))$ pour tout $t > 0$, alors, pour tout λ positif,*

$$\log(\mathbb{P}(S_n^* \geq \lambda)) \leq \inf_{t>0}(\gamma(t) - t\lambda) = -\gamma^*(\lambda).$$

Preuve du lemme B.1. Pour t dans le domaine de définition de γ, Posons $M_k(t) = \exp(tS_k)$. Pour t positif, $(M_k(t))_{k \geq 0}$ est une sous-martingale positive, par convexité de la fonction exponentielle, et intégrable car t est dans le domaine de définition de γ. Donc, d'après l'inégalité maximale de Doob,

$$(B.1) \qquad \mathbb{P}(S_n^* \geq \lambda) \leq \mathbb{E}(\exp(tS_n - t\lambda)) \leq \exp(\gamma(t) - t\lambda).$$

Le lemme B.1 s'obtient alors en optimisant (B.1) en t. ∎

Pour obtenir le théorème B.1, il suffit donc de montrer que

$$(B.2) \qquad \log \mathbb{E}(\exp(tS_n)) \leq K^{-2}V(\exp(tK) - tK - 1),$$

et ensuite d'appliquer le calcul de la transformée de Young de $\phi(x) = e^x - 1 - x$ effectué dans l'annexe A. Or, par indépendance des variables et par concavité de la fonction logarithme,

$$\log \mathbb{E}(\exp(tS_n)) = \sum_{i=1}^{n}(\log \mathbb{E}(\exp(tZ_i)) - t\mathbb{E}(Z_i))$$

(B.3)
$$\leq \sum_{i=1}^{n} \mathbb{E}(\exp(tZ_i) - tZ_i - 1).$$

La fonction $x \to x^{-2}(e^x - x - 1)$ est croissante (appliquer la règle de l'Hôpital et noter que, par convexité de l'exponentielle $x \to x^{-1}(e^x - 1)$ est croissante). Donc, pour t positif, puisque $Z_i \leq K$ p.s.,

$$\mathbb{E}(\exp(tZ_i) - tZ_i - 1) \leq K^{-2}\mathbb{E}(Z_i^2)(\exp(tK) - tK - 1).$$

En combinant ces inégalités, nous en déduisons que

$$\log \mathbb{E}(\exp(tS_n)) \leq K^{-2}V(\exp(tK) - tK - 1).$$

Donc (B.2) est établi, ce qui conclut la preuve de (a). (b) s'obtient en appliquant (a) aux variables $-Z_1, \ldots, -Z_n$ et en ajoutant l'inégalité ainsi obtenue à (a) ∎

Donnons, comme autre corollaire de (B.2) et du lemme (B.1), une version améliorée de l'inégalité de Bernstein pour les variables bornées.

Corollaire B.1. *Soient $Z_1, \ldots, Z_n$ une famille de variables aléatoires réelles indépendantes de carré intégrable, satisfaisant les conditions de (a) du théorème B.1. Alors, avec les notations du théorème B.1., pour tout z positif,*

$$\mathbb{P}(S_n^* \geq \lambda) \leq \exp(-z) \leq \exp\left(-\frac{\lambda^2}{2(V + K\lambda/3)}\right),$$

où z est défini à partir de λ par l'équation $(Kz/3) + \sqrt{2Vz} = \lambda$.

Preuve. Une comparaison terme à terme des séries montre que

$$K^{-2}V(\exp(tK) - tK - 1) \leq \frac{Vt^2}{2(1 - Kt/3)}.$$

Pour conclure la preuve du corollaire, il suffit d'appliquer (B.2) suivi de (B.5) de la preuve du théorème B.2. ci-dessous. ∎

Nous allons maintenant donner une inégalité de type Bernstein pour les variables aléatoires non centrées, proposée par Birgé et Massart (1995).

Nous renvoyons le lecteur à Pollard (1984) pour les inégalités de Bernstein classiques.

Théorème B.2. *Soient $Z_1, \ldots, Z_n$ une famille de variables aléatoires réelles indépendantes. Supposons de plus qu'il existe des constantes positives K et V telles que, pour tout entier $m \geq 2$,*

(a)
$$\sum_{i=1}^{n} \mathbb{E}(|Z_i|^m) \leq \frac{m!}{2} V K^{m-2}.$$

Alors, avec les notations du théorème B.1, pour tout z positif,

$$\mathbb{P}(S_n^* \geq \lambda) \leq \exp(-z) \leq \exp\left(-\frac{\lambda^2}{2(V + K\lambda)}\right),$$

où z est défini à partir de λ par l'équation $Kz + \sqrt{2Vz} = \lambda$.

Preuve. Pour montrer le deuxième inégalité, il suffit de noter que si $\lambda = Kz + \sqrt{2Vz}$, alors $\lambda^2 \leq 2(V + K\lambda)z$. Montrons la première inégalité. L'inégalité (B.3) s'applique encore, et donc

$$\log \mathbb{E}(\exp(tS_n)) \leq \sum_{i=1}^{n} \sum_{m=2}^{\infty} \frac{t^m}{m!} \, \mathbb{E}(Z_i^m) \leq \frac{1}{2} \sum_{m=2}^{\infty} Vt^2 (Kt)^{m-2}$$

d'après l'hypothèse (a). Nous avons donc montré que, pour tout t positif,

(B.4)
$$\log \mathbb{E}(\exp(tS_n)) \leq \gamma(t) = \frac{1}{2} Vt^2/(1 - Kt).$$

Appliquons le lemme B.1: pour montrer le théorème, il suffit de montrer que

(B.5)
$$\gamma^*(Kz + \sqrt{2Vz}) = z.$$

Rappelons que la droite d'équation $y = \lambda t - z$ est tangente à la branche d'hyperbole (C) d'équation $y = \gamma(t)$ pour t positif si $z = \gamma^*(\lambda)$. Il nous reste donc à montrer que la droite tangente à la courbe (C) passant par $(0, -z)$ a pour pente $\lambda = Kz + \sqrt{2Vz}$. Or cette droite est tangente à (C) si et seulement l'équation $(\lambda t - z)(1 - Kt) = \frac{1}{2} Vt^2$ a une racine double en t, c'est à dire quand $\Delta = (\lambda - Kz)^2 - 2zV = 0$. La plus grande racine est $\lambda = Kz + \sqrt{2Vz}$, ce qui montre (B.5). Le théorème est démontré. ∎

Nous allons maintenant appliquer le théorème B.1 à l'étude de la probabilité de déviation d'une somme de variables non bornées à sa moyenne. Les inégalités qui suivent sont dues à Fuk et Nagaev (1971).

Théorème B.3. *Soient $Z_1, \ldots, Z_n$ une famille de variables aléatoires réelles indépendantes de carré intégrable. Alors, pour tout $V \geq \sum_{i=1}^n \mathbb{E}(Z_i^2)$ et tout couple (λ, x) de réels strictement positifs,*

$$(a) \qquad \mathbb{P}(S_n^* \geq \lambda) \leq \exp(-x^{-2} V h(\lambda x / V)) + \sum_{i=1}^n \mathbb{P}(Z_i > x)$$

avec les notations du théorème B.1. De plus, pour tout $\varepsilon > 0$,

$$(b) \quad \mathbb{P}(S_n^* \geq (1 + \varepsilon)\lambda) \leq \exp(-x^{-2} V h(\lambda x / V)) + \frac{1}{\lambda \varepsilon} \sum_{i=1}^n \mathbb{E}((Z_i - x)_+).$$

Preuve. Posons

$$\bar{Z}_i = Z_i \wedge x, \ \ \bar{S}_k = \sum_{i=1}^k (\bar{Z}_i - \mathbb{E}(\bar{Z}_i)) \ \text{ et } \ \bar{S}_n^* = \sup_{k \in [0,n]} \bar{S}_k$$

avec la convention $\bar{S}_0 = 0$. Comme

$$S_k \leq \bar{S}_k + \sum_{i=1}^k (Z_i - x)_+ - \sum_{i=1}^k \mathbb{E}(Z_i - x)_+ \leq \bar{S}_k + \sum_{i=1}^n (Z_i - x)_+,$$

nous avons:

$$(B.6) \qquad\qquad S_n^* \leq \bar{S}_n^* + \sum_{i=1}^n (Z_i - x)_+.$$

Montrons (a). D'après (B.6), la probabilité que S_n^* diffère de $\bar{S}_n^*$ est majorée par $\mathbb{P}(Z_1 > x) + \cdots + \mathbb{P}(Z_n > x)$. Donc (a) résulte de la majoration

$$(B.7) \qquad\qquad \mathbb{P}(\bar{S}_n^* \geq \lambda) \leq \exp(-x^{-2} V h(\lambda x / V)),$$

qui est une conséquence immédiate de (a) du théorème B.1 (noter que $\mathbb{E}(\bar{Z}_i^2) \leq \mathbb{E}(Z_i^2)$).

Pour montrer (b), il suffit de noter que, d'après (B.6),

$$\mathbb{P}(S_n^* \geq (1 + \varepsilon)\lambda) \leq \mathbb{P}(\bar{S}_n^* \geq \lambda) + \mathbb{P}\left(\sum_{i=1}^n (Z_i - x)_+ \geq \varepsilon \lambda\right),$$

puis d'appliquer (B.7) au premier terme du majorant et l'inégalité de Markov au second terme. ■

Pour conclure cette annexe, nous allons montrer l'inégalité exponentielle de Hoeffding pour les variables aléatoires bornées.

Théorème B.4. *Soient $Z_1, \ldots, Z_n$ une famille de variables aléatoires réelles indépendantes et bornées: $Z_i^2 \leq M_i$ pour tout i dans $[1, n]$. Alors, pour tout λ positif,*

(a) $$\mathbb{P}(S_n^* \geq \lambda) \leq \exp\left(-x^2/(2M_1 + \cdots + 2M_n)\right)$$

avec les notations du théorème B.1. De plus,

(b) $$\mathbb{P}(\sup_{k \in [1,n]} |S_k| \geq \lambda) \leq 2\exp\left(-x^2/(2M_1 + \cdots + 2M_n)\right).$$

Preuve. Il suffit de montrer que, si Z prend ses valeurs dans $[-m, m]$, alors

$(B.8)$ $$\mathbb{E}(\exp(tZ - t\mathbb{E}(Z)) \leq \exp(t^2 m^2/2)$$

et d'appliquer ensuite la technique usuelle. Par une dilatation, on peut se ramener à $m = 1$. Si Z est dans $[-1, 1]$, alors, par convexité de la fonction exponentielle,

$$2\exp(tZ) \leq (1 - Z)\exp(t) + (1 + Z)\exp(t).$$

Posons $q = \mathbb{E}(Z)$. En prenant l'espérance dans l'inégalité ci-dessus,

$$\mathbb{E}(\exp(tZ)) \leq \cosh t + q \sinh t.$$

Par conséquent, en posant $f(t) = \cosh t + q \sinh t$, nous obtenons:

$$\log \mathbb{E}(\exp(tZ - t\mathbb{E}(Z)) \leq \log f(t) - qt.$$

Comme $f'' = f$,
$$(\log f)'' = (f''/f) - (f'/f)^2 \leq 1,$$

et donc $\log f(t) \leq qt + t^2/2$ par la formule de Taylor intégrale, ce qui achève la preuve. ∎

C. Majorations des moments pondérés

Dans cette annexe, nous donnons des majorations des quantités $M_{p,\alpha}(Q)$ introduites dans les chapitres un à cinq. Soit donc Q la fonction de quantile d'une variable positive ou nulle X. Posons

$$M_{p,\alpha}(Q) = \int_0^1 [\alpha^{-1}(u)]^{p-1} Q^p(u) du$$

et

$$(C.1) \qquad M_{p,\alpha,n}(Q) = \int_0^1 [\alpha^{-1}(u) \wedge n]^{p-1} Q^p(u) du.$$

Nous allons étudier les conditions sous lesquelles $M_{p,\alpha}(Q)$ est fini ainsi que l'ordre de grandeur de $M_{p,\alpha,n}(Q)$ en fonction du taux de mélange et de la fonction de quantile Q ou de la queue de distribution de X.

Majorons d'abord la quantité $M_{p,\alpha}(Q)$ sous une condition de moment sur X. Soit U une variable aléatoire de loi uniforme sur $[0,1]$. Alors X et $Q(U)$ ont même loi. Donc

$$(C.2) \qquad \mathbb{E}(X^r) = \int_0^1 Q^r(u) du \quad \text{pour tout} \quad r \geq 1.$$

Supposons maintenant que $\mathbb{E}(X^r) < \infty$ avec $r > 1$ et majorons $M_{p,\alpha}(Q)$ pour p dans $]1,r[$. En appliquant l'inégalité de Hölder avec $r/(r-p)$ et r/p comme exposants, nous obtenons:

$$(C.3) \quad M_{p,\alpha}(Q) \leq \left(\int_0^1 [\alpha^{-1}(u)]^{(p-1)r/(r-p)} du \right)^{1-p/r} \left(\int_0^1 Q^r(u) du \right)^{p/r}.$$

Afin de nous ramener à un série dans laquelle interviennent les coefficients de mélange fort $(\alpha_n)_{n\geq 0}$, il suffit de procéder comme pour la majoration (1.25). Soit q un réel strictement positif. Clairement

$$[\alpha^{-1}(u)]^q = (j+1)^q \quad \text{pour} \quad u \in]\alpha_{j+1}, \alpha_j].$$

Puisque $(i+1)^q - i^q \leq 2(i+1)^{q-1}$,

$$(j+1)^q \leq 2 \sum_{i=0}^j (i+1)^{q-1},$$

et par conséquent

$$(C.4) \quad [\alpha^{-1}(u)]^q \leq 2 \sum_{i=0}^\infty \sum_{j \geq i} (i+1)^{q-1} \mathbb{I}_{u \in]\alpha_{j+1}, \alpha_j]} \leq 2 \sum_{i \geq 0} (i+1)^{q-1} \mathbb{I}_{u < \alpha_i}.$$

Nous en déduisons que

$$(C.5) \qquad \int_0^1 [\alpha^{-1}(u)]^q du \leq 2 \sum_{i \geq 0} (i+1)^{q-1} \alpha_i.$$

Donc

$$(C.6) \qquad M_{p,\alpha}(Q) \leq 2\|X\|_r^p \left(\sum_{i\geq 0}(i+1)^{(pr-2r+p)/(r-p)}\alpha_i\right)^{1-p/r}.$$

Si la variable X est p.s. bornée, la majoration obtenue correspond au cas limite $r = \infty$, et donc

$$(C.7) \qquad M_{p,\alpha}(Q) \leq 2\|X\|_\infty^p \sum_{i\geq 0}(i+1)^{p-2}\alpha_i.$$

Par conséquent $M_{p,\alpha}(Q)$ est fini dès qu'il existe $r > p$ tel que

$$(C.8) \qquad \mathbb{E}(X^r) < \infty \text{ et } \sum_{i\geq 0}(i+1)^{(pr-2r+p)/(r-p)}\alpha_i < \infty.$$

Majorons maintenant $M_{p,\alpha}(Q)$ et $M_{p,\alpha,n}(Q)$ par la somme d'une série bien choisie. En appliquant (C.4) avec $q = p - 1$, nous obtenons:

$$(C.9) \qquad M_{p,\alpha}(Q) \leq 2\sum_{i=0}^{\infty}(i+1)^{p-2}\int_0^{\alpha_i} Q^p(u)du,$$

$$(C.10) \qquad M_{p,\alpha,n}(Q) \leq 2\sum_{i=0}^{n-1}(i+1)^{p-2}\int_0^{\alpha_i} Q^p(u)du.$$

La majoration (C.9) est bien adaptée à la majoration de $M_{p,\alpha}(Q)$ sous une condition sur la queue de distribution de X. Supposons que

$$\mathbb{P}(X > x) \leq (c/x)^r.$$

Alors $Q(u) \leq cu^{-1/r}$ et donc, dans ce cas,
$(C.11)$

$$M_{p,\alpha}(Q) \leq 2c\sum_{i=0}^{\infty}(i+1)^{p-2}\int_0^{\alpha_i} u^{-p/r}du \leq \frac{2cr}{r-p}\sum_{i=0}^{\infty}(i+1)^{p-2}\alpha_i^{1-p/r}.$$

Par conséquent $M_{p,\alpha}(Q)$ est fini dès qu'il existe $r > p$ tel que

$$(C.12) \qquad \mathbb{P}(X > x) \leq (c/x)^r \text{ et } \sum_{i=0}^{\infty}(i+1)^{p-2}\alpha_i^{1-p/r} < \infty.$$

Soit $p > 2$. Regardons le comportement de $M_{p,\alpha,n}(Q)$ quand $M_{p,\alpha}(Q)$ n'est pas fini. Rappelons que, pour les coefficients de mélange fort définis par (2.1), le théorème 6.3 assure que

$$\mathbb{E}\left(\sup_{k\in[1,n]}|S_k|^p\right) \leq a_p s_n^p + nb_p M_{p,\alpha,n}(Q).$$

Toute majoration de $M_{p,\alpha,n}(Q)$ en $O(n^q)$ avec $q \leq (p-2)/2$ est donc d'intérêt pour obtenir une inégalité de moment de type Marcinkiewicz-Zygmund. Mais, d'après (C.10), si

$$(C.13) \qquad \int_0^{\alpha_i} Q^p(u)du = O((i+1)^{-s}) \text{ avec } s < p-1,$$

alors

$$(C.14) \qquad nM_{p,\alpha,n}(Q) = O(n^{p-s}) \text{ quand } n \to \infty.$$

En particulier, pour $p > 2$ et $s = p/2$,

$$(C.15) \quad nM_{p,\alpha,n}(Q) = O(n^{p/2}) \text{ dès que } \int_0^{\alpha_i} Q^p(u)du = O((i+1)^{-p/2}).$$

Par exemple, pour des variables aléatoires bornées, la condition (C.13) est réalisée avec $s = p/2$ dès que $\alpha_i = O(i^{-p/2})$. Dans le cas non borné, la condition (C.13) sera réalisée avec $s = p/2$ si, par exemple, il existe $r > p$ tel que

$$(C.16) \qquad \mathbb{P}(X > x) \leq (c/x)^r \text{ et } \alpha_i = O(i^{-pr/(2r-2p)}).$$

Taux de mélange géométriques. Supposons que $\alpha_i = O(a^i)$ pour un $a < 1$. En reprenant la méthode proposée dans le chapitre un (voir page 11), on peut montrer que $M_{p,\alpha}(Q)$ est fini dès que

$$(C.17) \qquad \mathbb{E}(X^p(\log(1+X))^{p-1}) < \infty.$$

D. Une version d'un lemme de Pisier

Dans cette annexe[1], nous donnons un majorant du maximum d'un nombre fini de variables aléatoires réelles ayant une transformée de Laplace uniformément majorée ou des moments majorés.

Lemme D.1. *Soient $(Z_i)_{i \in I}$ une famille finie de variables aléatoires réelles. Supposons de plus qu'il existe une fonction convexe L finie et croissante sur un voisinage à droite de 0, telle que $\log \mathbb{E}(\exp(tZ_i)) \leq L(t)$ pour tout $t > 0$ et tout i dans I. Soit h_L la transformée de Young de L et H le logarithme du cardinal de I. Alors*

$$\mathbb{E}(\sup_{i \in I} Z_i) \leq h_L^{-1}(H).$$

---

[1] Je remercie P. Massart de m'avoir suggéré la forme présente du lemme D.1.

Preuve. D'après l'inégalité de Jensen, pour tout $t > 0$,

$$\exp\left(t\mathbb{E}(\sup_{i \in I} Z_i)\right) \le \mathbb{E}\left(\exp(t\sup_{i \in I} Z_i)\right) \le \sum_{i \in I} \mathbb{E}(\exp t Z_i) \le \exp(L(t) + H).$$

Donc, en prenant le logarithme, en divisant par t et en optimisant en t,

$$\mathbb{E}(\sup_{i \in I} Z_i) \le \lambda = \inf_{t > 0} t^{-1}(L(t) + H).$$

Or λ est la pente de la tangente à la courbe $y = L(t)$ passant par le point $(0, -H)$, et donc $h_L(\lambda) = H$, ce qui achève la preuve. ∎

Passons maintenant au cas de variables positives et intégrables. Supposons de plus que les variables ont un moment d'ordre $r > 1$. Alors le lemme de Pisier prend la forme suivante.

Lemme D.2. *Soient $(Z_i)_{i \in I}$ une famille finie de variables aléatoires réelles positives. Supposons de plus qu'il existe une fonction convexe M définie sur un voisinage à droite de 1, telle que $\log \mathbb{E}(Z_i^r) \le M(r)$ pour tout $r \ge 1$ et tout i dans I. Soit h_M la transformée de Young de M et H le logarithme du cardinal de I. Alors*

$$\mathbb{E}(\sup_{i \in I} Z_i) \le \exp(h_M^{-1}(H)).$$

Preuve. D'après l'inégalité de Jensen, pour tout $r \ge 1$,

$$\left(\mathbb{E}(\sup_{i \in I} Z_i)\right)^r \le \exp(M(r) + H).$$

Donc, en prenant le logarithme, en divisant par r et en optimisant en r,

$$\log \mathbb{E}(\sup_{i \in I} Z_i) \le \inf_{r \ge 1} r^{-1}(M(r) + H).$$

On conclut alors comme auparavant. ∎

E. Rappels de théorie de la mesure

Dans cette annexe nous rappelons d'abord l'énoncé d'un lemme de Skorohod (1976) utile pour obtenir des théorèmes de représentation ou de plongement. Nous rappelons ensuite certaines propriétés des projections, qui permettent de démontrer la mesurabilité de nombreuses fonctions en théorie des processus (voir Dellacherie (1972), chapitre un). Pour donner une preuve du lemme de Skorohod, nous admettrons le lemme suivant (voir Skorohod (1976), lemme 1).

Lemme E.1.   *Soit $\mathcal{X}$ un espace polonais (i.e. métrique séparable et complet). Alors il existe une application biunivoque f de $\mathcal{X}$ sur un borélien de $[0,1]$, mesurable et d'inverse mesurable pour les tribus boréliennes.*

En partant de ce lemme, nous allons maintenant montrer le lemme de Skorohod (1976) ci-dessous.

Lemme E.2.   *Soit $\mathcal{X}$ un espace polonais et X une variable aléatoire de $(\Omega, \mathcal{T}, \mathbb{P})$ dans $\mathcal{X}$ muni de sa tribu borélienne $\mathcal{B}(\mathcal{X})$. Soit $\mathcal{A}$ une sous-tribu de $(\Omega, \mathcal{T}, \mathbb{P})$ et δ une variable de loi uniforme sur $[0,1]$, indépendante de $\mathcal{A} \vee \sigma(X)$. Alors il existe une fonction g de $(\Omega \times [0,1], \mathcal{A} \otimes \mathcal{B}([0,1]))$ dans $\mathcal{X}$ et une v.a. V mesurable pour la tribu $\mathcal{A} \vee \sigma(X) \vee \sigma(\delta)$, indépendante de $\mathcal{A}$ et de loi uniforme sur $[0,1]$, telles que $X = g(\omega, V)$ p.s.*

Preuve.   Nous pouvons nous ramener à $\mathcal{X} = [0,1]$ grâce au lemme E.1. Soit $F_{\mathcal{A}}(t) = \mathbb{P}(X \leq t \mid \mathcal{A})$ la fonction de répartition de X conditionnellement à $\mathcal{A}$ (cette fonction est une fonction mesurable de (ω, t)). Alors la variable

$$V = F_{\mathcal{A}}(X - 0) + \delta(F_{\mathcal{A}}(X) - F_{\mathcal{A}}(X - 0))$$

est mesurable pour la tribu $\mathcal{A} \vee \sigma(X) \vee \sigma(\delta)$, indépendante de $\mathcal{A}$ et de loi uniforme sur $[0,1]$ (voir annexe F) et la transformation g qui envoie (ω, v) sur $F_{\mathcal{A}}^{-1}(v)$ est mesurable pour la tribu produit $\mathcal{A} \otimes \mathcal{B}([0,1])$ et satisfait $X = g(\omega, V)$. ∎

Rappelons le théorème suivant (Dellacherie (1972), théorème T32, page 17) sur les projections.

Théorème E.1.   *Soient $(\Omega, \mathcal{F}, P)$ un espace probabilisé complet et $(K, \mathcal{B}(K))$ un espace localement compact à base dénombrable muni de sa tribu borélienne, Désignons par π la projection de $K \times \Omega$ sur Ω. Si B est un élément de la tribu produit $\mathcal{B}(K) \otimes \mathcal{F}$, la projection $\pi(B)$ de B sur Ω appartient à $\mathcal{F}$.*

Nous renvoyons à Dudley, chapitre 13 (1989) pour un exposé plus général sur les propriétés de mesurabilité des projections ainsi que sur les ensembles universellement mesurables.

Définition E.1.   *Soit $(X, \mathcal{X})$ un espace un espace mesurable et A une partie de X. On dit que A est universellement mesurable si, pour toute loi P sur $(X, \mathcal{X})$, A appartient à la σ-algèbre complétée de $\mathcal{X}$ pour P. Soit $(Y, \mathcal{Y})$ un espace mesurable. Une application f de X dans Y est dite universellement mesurable si pout tout B dans $\mathcal{Y}$, l'ensemble $f^{-1}(B)$ est une partie universellement mesurable de X.*

Pour finir, donnons une formulation du théorème E.1. en termes de parties universellement mesurables.

Corollaire E.1.   *Soient $(X, \mathcal{X})$ un espace mesurable et $(K, \mathcal{B}(K))$ un espace localement compact à base dénombrable muni de sa tribu borélienne,*

Désignons par π la projection de $K \times X$ sur X. Si B est un élément de la tribu produit $\mathcal{B}(K) \otimes \mathcal{X}$, la projection $\pi(B)$ de B sur X est universellement mesurable.

F. La transformation par quantile conditionnelle

Dans cette annexe, nous allons étudier la transformation définie lors de la preuve du lemme 5.2. de couplage pour les variables aléatoires réelles satisfaisant une condition de mélange fort ainsi que pour la preuve du lemme de Skorohod. Dans un premier temps nous allons donner une sélection mesurable de la fonction de répartition conditionnelle.

Soit donc $\mathcal{A}$ une sous-tribu de $(\Omega, \mathcal{T}, \mathbb{P})$ et X une variable aléatoire réelle. Pour q rationnel, on définit la f.r. de X conditionnelle à $\mathcal{A}$ par

$$F_{\mathcal{A}}(q) = \mathbb{P}(X \leq q \mid \mathcal{A})$$

Cette fonction aléatoire est définie sur $\mathbf{Q}$ p.s. et est croissante. On en définit alors une extension à $\mathbb{R}$ par continuité à droite ainsi: pour x réel,

$$(F.1) \qquad F_{\mathcal{A}}(x) = \lim_{\substack{q \searrow x \\ q \in Q}} F_{\mathcal{A}}(q)$$

Il est facile de vérifier que la version de la fonction de répartition conditionnelle ainsi définie a la propriété de mesurabilité suivante: l'application qui à (x, ω) associe $F_{\mathcal{A}}(x)$ est mesurable pour la tribu complétée de la tribu produit $\mathcal{B}(\mathbb{R}) \otimes \mathcal{A}$.

Lemme F.1. *Soit X une variable aléatoire réelle positive et bornée, $\mathcal{A}$ une sous-tribu de $(\Omega, \mathcal{T}, \mathbb{P})$ et δ une variable aléatoire de loi uniforme sur $[0, 1]$, indépendante de $\sigma(X) \vee \mathcal{A}$. Posons*

$$V = F_{\mathcal{A}}(X - 0) + \delta(F_{\mathcal{A}}(X) - F_{\mathcal{A}}(X - 0)).$$

Alors V est une variable aléatoire de loi uniforme sur $[0, 1]$, indépendante de $\mathcal{A}$. De plus $F_{\mathcal{A}}^{-1}(V) = X$ presque sûrement.

Preuve. Posons

$$v(\omega, x, t) = F_{\mathcal{A}}(x - 0) + t(F_{\mathcal{A}}(x) - F_{\mathcal{A}}(x - 0)).$$

Nous laissons au lecteur le soin de montrer que la fonction v est mesurable pour $\mathcal{A} \otimes \mathcal{B}(\mathbb{R}) \otimes \mathcal{B}(\mathbb{R})$. Par conséquent $V = v(\omega, X, \delta)$ est une variable aléatoire. Soit a dans $[0, 1]$. Considérons

$$b = F_{\mathcal{A}}^{-1}(a + 0) = \sup\{x \in \mathbb{R} : F_{\mathcal{A}}(x) \leq a\}.$$

Quand $F_{\mathcal{A}}$ est continue en b, $F_{\mathcal{A}}(b) = a$. Dans ce cas $(v(\omega, x, t) \leq a)$ si et seulement si $(x \leq b)$. Alors

$$\mathbb{P}(V \leq a \mid \mathcal{A}) = \mathbb{P}(X \leq b \mid \mathcal{A}) = F_{\mathcal{A}}(b) = a.$$

Quand $F_{\mathcal{A}}$ n'est pas continue en b, alors a est dans $[F_{\mathcal{A}}(b-0), F_{\mathcal{A}}(b)]$, et donc

$$a = v(\omega, b, u) \ \text{ avec } u \in [0, 1].$$

Dans ce cas, $(v(\omega, x, t) \leq a)$ si et seulement si $(x < b)$ ou $(x = b$ et $t \leq u)$. Alors

$$\mathbb{P}(V \leq a \mid \mathcal{A}) = F_{\mathcal{A}}(b-0) + u(F_{\mathcal{A}}(b) - F_{\mathcal{A}}(b-0)) = a.$$

Donc V suit la loi uniforme sur $[0, 1]$.

Enfin, puisque x est dans l'ensemble des réels y tels que $F_{\mathcal{A}}(y) \geq v(\omega, x, t)$, on a:

$$x \geq F_{\mathcal{A}}^{-1}(v(\omega, x, t)) \text{ pour tout } t \in [0, 1].$$

Il en résulte que $X \geq F_{\mathcal{A}}^{-1}(V)$ p.s. Or, comme $(F_{\mathcal{A}}^{-1}(V) > t)$ si et seulement si $(V > F_{\mathcal{A}}(t))$, les espérances conditionnelles des ces deux v.a. se calculent ainsi:

$$\mathbb{E}(F_{\mathcal{A}}^{-1}(V) \mid \mathcal{A}) = \int_0^\infty \mathbb{P}(F_{\mathcal{A}}^{-1}(V) > t \mid \mathcal{A}) \, dt$$

$$= \int_0^\infty \mathbb{P}(V > F_{\mathcal{A}}(t) \mid \mathcal{A}) \, dt$$

$$= \int_0^\infty (1 - F_{\mathcal{A}}(t)) \, dt = \mathbb{E}(X \mid \mathcal{A}).$$

Par conséquent X et $F_{\mathcal{A}}^{-1}(V)$ ont la même espérance conditionnelle par rapport à $\mathcal{A}$. Donc elles sont presque sûrement égales, ce qui complète la preuve du lemme F.1.

Une autre approche possible pour démontrer le lemme F.1. est de montrer que pour toute fonction φ continue sur $[0, 1]$,

$$\mathbb{E}(\varphi(V) \mid \mathcal{A}) = \int_0^1 \varphi(v) dv \text{ p.s.}$$

Ceci peut se montrer a l'aide de l'intégrale de Stieltjes [2].

---

[2] Cette autre méthode m'a été suggérée par T. Jeulin, que je remercie ici.

Références

Andersen, N. T., Giné, E., Ossiander, M. et Zinn, J. (1988). The central limit theorem and the law of iterated logarithm for empirical processes under local conditions. *Probab. Th. Rel. Fields* **77**, 271-305.

Ango-Nzé, P. (1994). Critères d'ergodicité de modèles markoviens. Estimation non paramétrique sous des hypothèses de dépendance. *Thèse de doctorat d'université. Université Paris 9, Dauphine.*

Arcones, M. A. et Yu, B. (1994). Central limit theorems for empirical and U-processes of stationary mixing sequences. *J. Theoret. Prob.* **7**, 47-71.

Azuma, K. (1967). Weighted sums of certain dependent random variables. *Tôkohu Math. J.* **19**, 357-367.

Bártfai, P. (1970). Über die Entfernung der Irrfahrtswege. *Studia Sci. Math. Hungar.* **1**, 161-168.

Bass, J. (1955). Sur la compatibilité des fonctions de répartition. *C.R. Acad. Sci. Paris* **240**, 839-841.

Berbee, H. C. P. (1979). Random walks with stationary increments and renewal theory. *Math. Cent. Tracts, Amsterdam.*

Berbee, H. (1987). Convergence rates in the strong law for bounded mixing sequences. *Probab. Th. Rel. Fields* **74**, 255-270.

Berkes, I. et Philipp, W. (1979). Approximation theorems for independent and weakly dependent random vectors. *Ann. Probab.* **7**, 29-54.

Billingsley, P. (1968). Convergence of probability measures. *Wiley. New-York.*

Billingsley, P. (1985). Probability and Measure. Second edition. *Wiley. New-York.*

Birgé, L. et Massart, P. (1995). Minimum contrast estimators on sieves. *Prépublication Math. Univ. Paris-Sud* **95-42**, Orsay.

Birgé, L. et Massart, P. (1996). An adaptive compression algorithm in Besov spaces. *Prépublication Math. Univ. Paris-Sud* **96-39**, Orsay.

Bolthausen, E. (1980). The Berry-Esseen theorem for functionals of discrete Markov chains. *Z. Wahrsch. verw. Gebiete* **54**, 59-73.

Bolthausen, E. (1982a). On the central limit theorem for stationary mixing random fields. *Ann. Probab.* **10**, 1047-1050.

Bolthausen, E. (1982b). The Berry-Esseen theorem for strongly mixing Harris recurrent Markov chains. *Z. Wahrsch. verw. Gebiete* **60**, 283-289.

Bosq, D. (1993). Bernstein's type large deviation inequalities for partial sums of strong mixing process. *Statistics* **24**, 59-70.

Bradley, R. C. (1983). Approximation theorems for strongly mixing random variables. *Michigan Math. J.* **30**, 69-81.

Bradley, R. C. (1985). On the central limit question under absolute regularity. *Ann. Probab.* **13**, 1314-1325.

Bradley, R. C. (1986). Basic properties of strong mixing conditions. *Dependence in probability and statistics. A survey of recent results. Oberwolfach, 1985.* E. Eberlein and M. S. Taqqu editors. Birkhäuser.

Bradley, R. C. (1997). On quantiles and the central limit question for strongly mixing sequences. *J. of Theor. Probab.* **10**, 507-555.

Bradley, R. C. et Bryc, W. (1985). Multilinear forms and measures of dependence between random variables. *J. Multivar. Anal.* **16**, 335-367.

Bretagnolle, J. et Huber, C. (1979). Estimation des densités: risque minimax. *Z. Wahrsch. verw. Gebiete* **47**, 119-137.

Bulinskii, A. et Doukhan P. (1987). Inégalités de mélange fort utilisant des normes d'Orlicz. *C.R. Acad. Sci. Paris, Série I.* **305**, 827-830.

Collomb, G. (1984). Propriétés de convergence presque complète du prédicteur à noyau. *Z. Wahrsch. verw. Gebiete* **66**, 441-460.

Dall'Aglio, G. (1956). Sugli estremi deli momenti delle funzioni di ripartizione doppia. *Ann. Scuola Norm. Sup. Pisa.* (Ser. 3) **10**, 35-74.

Davydov, Y. A., (1968). Convergence of distributions generated by stationary stochastic processes. *Theor. Probab. Appl.* **13**, 691-696.

Davydov, Y. A. (1973). Mixing conditions for Markov chains. *Theor. Probab. Appl.* **18**, 312-328.

Dellacherie, C. (1972). Capacités et processus stochastiques. *Ergebnisse der mathematik und ihrer grenzgebiete. Springer, Berlin.*

Dellacherie, C. et Meyer, P. A. (1975). Probabilité et potentiel. *Masson. Paris.*

Delyon, B. (1990). Limit theorem for mixing processes. *Tech. Report IRISA, Rennes 1,* **546.**

Devore, R. A. et Lorentz, G. G. (1993). Constructive approximation. *Die grundlehren der mathematischen wissenschaften. Springer, Berlin.*

Dhompongsa, S. (1984). A note on the almost sure approximation of empirical process of weakly dependent random vectors. *Yokohama math. J.* **32,** 113-121.

Doeblin, W. (1938). Sur les propriétés asymptotiques de mouvements régis par certains types de chaînes simples. *Thèse de doctorat.*

Donsker, M. (1952). Justification and extension of Doob's heuristic approach to the Kolmogorov-Smirnov's theorems. *Ann. Math. Stat.* **23,** 277-281.

Doukhan, P. (1994). Mixing: properties and examples. *Lecture Notes in Statistics* **85,** Springer.

Doukhan, P. et Ghindès, M. (1983). Estimation de la transition de probabilité d'une chaîne de Markov Doeblin-récurrente. Étude du cas du processus autoégressif général d'ordre 1. *Stochastic processes appl.* **15,** 271-293.

Doukhan, P. León, J. et Portal, F. (1984). Vitesse de convergence dans le théorème central limite pour des variables aléatoires mélangeantes à valeurs dans un espace de Hilbert. *C. R. Acad. Sci. Paris Série 1.* **298,** 305-308.

Doukhan, P. León, J. et Portal, F. (1987). Principe d'invariance faible pour la mesure empirique d'une suite de variables aléatoires dépendantes. *Probab. Th. Rel. Fields* **76,** 51-70.

Doukhan, P., Massart, P. et Rio, E. (1994). The functional central limit theorem for strongly mixing processes. *Annales inst. H. Poincaré Probab. Statist.* **30,** 63-82.

Doukhan, P., Massart, P. et Rio, E. (1995). Invariance principles for absolutely regular empirical processes. *Ann. Inst. H. Poincaré Probab. Statist.* **31,** 393-427.

Doukhan, P. et Portal, F. (1983) Moments de variables aléatoires mélangeantes. *C. R. Acad. Sci. Paris Série 1.* **297,** 129-132.

Doukhan, P. et Portal, F. (1987). Principe d'invariance faible pour la fonction de répartition empirique dans un cadre multidimensionnel et mélangeant. *Probab. math. statist.* **8-2,** 117-132.

Dudley, R. M. (1966). Weak convergence of probabilities on nonseparable metric spaces and empirical measures on Euclidean spaces. *Illinois J. Math.* **10,** 109-126.

Dudley, R. M. (1967). The sizes of compact subsets of Hilbert space and continuity of Gaussian processes. *J. Functional Analysis* **1**, 290-330.

Dudley, R. M. (1978). Central limit theorems for empirical measures. *Ann. Probab.* **6**, 899-929.

Dudley, R. M. (1984). A course on empirical processes. Ecole d'été de probabilités de Saint-Flour XII-1982. *Lectures Notes in Math.* **1097**, 1-142. Berlin: Springer.

Dudley, R. M. (1989). Real analysis and probability. *Wadsworth Inc., Belmont, California.*

Feller, W. (1950). An introduction to probability theory and its applications. *Wiley. New-York.*

Fréchet, M., (1951). Sur les tableaux de corrélation dont les marges sont données. *Annales de l'université de Lyon, Sciences, section A.* **14**, 53-77.

Fréchet, M., (1957). Sur la distance de deux lois de probabilité. *C.R. Acad. Sci. Paris.* **244-6**, 689-692.

Fuk, D. Kh. et Nagaev, S. V. (1971). Probability inequalities for sums of independent random variables. *Theory Probab. Appl.* **16**, 643-660.

Garsia, A. M. (1965). A simple proof of E. Hopf's maximal ergodic theorem. *J. of Maths. and Mech.* **14**, 381-382.

Goldstein, S. (1979). Maximal coupling. *Z. Wahrsch. verw. Gebiete* **46**, 193-204.

Gordin, M. I. (1969). The central limit theorem for stationary processes. *Soviet Math. Dokl.* **10**, 1174-1176.

Gordin, M. I. (1973). Abstracts of Communications, T1: A-K. International Conference on Probability Theory at Vilnius, 1973.

Hall, P. et Heyde, C. C. (1980). Martingale limit theory and its application. *North-Holland. New-York.*

Harris, T. E. (1956). The existence of stationary measures for certain Markov processes. *Proc. of the Third Berkeley Sympos. Probab. Statist.*, Vol. II.

Herrndorf, N. (1985). A functional central limit theorem for strongly mixing sequences of random variables. *Z. Wahr. Verv. Gebiete* **69**, 541-550.

Ibragimov, I. A. (1962). Some limit theorems for stationary processes. *Theor. Probab. Appl.* **7**, 349-382.

Ibragimov, I. A. et Linnik, Y. V. (1971). independent and stationary sequences of random variables. *Wolters-Noordhoff, Amsterdam.*

Jain, N, et Jamison, B. (1967). Contributions to Doeblin's theory of Markov processes. *Z. Wahr. Verv. Gebiete* **8**, 19-40.

Leblanc, F. (1995). Estimation par ondelettes de la densité marginale d'un processus stochastique: temps discret, temps continu et discrétisation. *Thèse de doctorat d'université. Université Paris 6, Jussieu.*

Ledoux, M. et Talagrand, M. (1991). Probability in Banach spaces. Isoperimetry and processes. *Springer, Berlin.*

Levental, E. (1988). Uniform limit theorems for Harris recurrent Markov chains. *Probab. Th. Rel. Fields* **80**, 101-118.

Lindvall, T. (1979). On coupling of discrete renewal processes *Z. Wahr. Verv. Gebiete* **48**, 57-70.

Major, P. (1978). On the invariance principle for sums of identically distributed random variables. *J. Multivariate Anal.* **8**, 487-517.

Massart, P. (1987) Quelques problèmes de convergence pour des processus empiriques. *Doctorat d'état. Université Paris-Sud, centre d'Orsay.*

Meyer, Y. (1990). Ondelettes et opérateurs. *Hermann, Paris.*

Meyn, S. P. et Tweedie, R. L. (1993). Markov chains and stochastic stability. *Communications and control engineering series. Springer, Berlin.*

Mokkadem, A. (1985) Le modèle non linéaire AR(1) général. Ergocicité et ergodicité géométrique. *C. R. Acad. Sci. Paris Série 1.* **301.** 889-892.

Mokkadem, A. (1987) Critères de mélange pour des processus stationnaires. Estimation sous des hypothèses de mélange. Entropie des processus linéaires. *Doctorat d'état. Université Paris-Sud, centre d'Orsay.*

Nummelin, E. (1978). A splitting technique for Harris recurrent Markov chains. *Z. Wahr. Verv. Gebiete* **43**, 309-318.

Nummelin, E. (1984). General irreducible Markov chains and non negative operators. *Cambridge University Press. London.*

Oodaira, H. et Yoshihara, K. I. (1971a). The law of the iterated logarithm for stationary processes satisfying mixing conditions. *Kodai Math. Sem. Rep.* **23**, 311-334.

Oodaira, H. et Yoshihara, K. I. (1971b). Note on the law of the iterated logarithm for stationary processes satisfying mixing conditions. *Kodai Math. Sem. Rep.* **23**, 335-342.

Oodaira, H. et Yoshihara, K. I. (1972). Functional central limit theorems for strictly stationary processes satisfying the strong mixing condition. *Kodai Math. Sem. Rep.* **24**, 259-269.

Orey, S. (1971). Lecture notes on limit theorems for Markov chain transition. *Van Nostrand. London.*

Ossiander, M. (1987). A central limit theorem under metric entropy with L^2-bracketing. *Ann. Probab.* **15**, 897-919. (1987)

Peligrad, M. (1983). A note on two measures of dependence and mixing sequences. *Adv. Appl. Probab.* **15**, 461-464..

Peligrad, M. (1986).   Recent Advances in the Central Limit Theorem and its weak Invariance Principles for mixing Sequences of random variables. *Dependence in probability and statistics. A survey of recent results. Oberwolfach, 1985.* E. Eberlein and M. S. Taqqu editors. Birkhäuser.

Petrov, V. V. (1989).   Some inequalities for moments of sums of independent random variables. *Prob. Theory and Math. Stat. Fifth Vilnius conference. VSP-Mokslas.*

Pitman, J. W. (1974).   Uniform rates of convergence for Markov chain transition. *Z. Wahr. Verv. Gebiete* **29**, 193-227.

Pollard, D. (1982).   A central limit theorem for empirical processes. *J. Aust. Math. Soc. Ser. A* **33**, 235-248.

Pollard, D. (1984).   Convergence of stochastic processes. *Springer. Berlin.*

Pollard, D. (1990).   Empirical processes : theory and applications. *NSF-CBMS Regional Conference Series in Probability and Statistics. IMS-ASA, Hayward-Alexandria.*

Rio, E. (1993).   Covariance inequalities for strongly mixing processes. *Ann. Inst. H. Poincaré Probab. Statist.* **29**, 587-597.

Rio, E. (1994).   Inégalités de moments pour les suites stationnaires et fortement mélangeantes. *C. R. Acad. Sci. Paris Série 1.* **318**, 355-360.

Rio, E. (1995a).   A maximal inequality and dependent Marcinkiewicz-Zygmund strong laws. *Ann. Probab.* **23**, 918-937.

Rio, E. (1995b).   The functional law of the iterated logarithm for stationary strongly mixing sequences. *Ann. Probab.* **23**, 1188-1203.

Rio, E. (1995c).   About the Lindeberg method for strongly mixing sequences. *ESAIM, Probabilités et Statistiques,* **1**, 35-61.

Rosenblatt, M. (1956).   A central limit theorem and a strong mixing condition. *Proc. Nat. Acad. Sci. U.S.A.* **42**, 43-47.

Rosenthal, H. P., (1970). On the subspaces of L^p ($p > 2$), spanned by sequences of independent random variables. *Israel J. Math.* **8**, 273-303.

Rozanov, Y. A. et Volkonskii, V. A. (1959).   Some limit theorems for random functions I. *Theory Probab. Appl.* **4**, 178-197.

Serfling, R. J. (1970).   Moment inequalities for the maximum cumulative sum. *Ann. Math. Statist.* **41**, 1227-1234.

Shao, Q-M. (1993).   Complete convergence for α-mixing sequences. *Statist. Probab. Letters* **16**, 279-287.

Shao, Q-M. et Yu, H. (1996).   Weak convergence for weighted empirical processes of dependent sequences. *Ann. Probab.* **24**, 2098-2127.

Skorohod, A. V. (1976).   On a representation of random variables. *Theory Probab. Appl.* **21**, 628-632.

Stein, C. (1972). A bound on the error in the normal approximation to the distribution of a sum of dependent random variables. *Proc. Sixth Berkeley Symp. Math. Statist. and Prob.*, II, 583-602. *Cambridge University Press. London.*

Stone, C. et Wainger, S. (1967). One-sided error estimates in renewal theory. *Journal d'analyse mathématique* **20**, 325-352.

Stout, W. F. (1974). Almost sure convergence. *Academic Press, New York.*

Strassen, V. (1964). An invariance principle for the law of the iterated logarithm. *Z. Wahr. Verv. Gebiete* **3**, 211-226.

Szarek, S. (1976). On the best constants in the Khinchin inequality. *Studia Math.* **58**, 197-208.

Tuominen, P. et Tweedie, R. L. (1994). Subgeometric rates of convergence of f-ergodic Markov chains. *Adv. Appl. Prob.* **26**, 775-798. (1994)

Tweedie, R. L. (1974). R-theory for Markov chains on a general state space I: solidarity properties and R-recurrent chains. *Ann. Probab.* **2**, 840-864.

Ueno, T. (1960). On recurrent Markov processes. *Kodai Math. J. Sem. Rep.* **12**, 109-142. (1960).

Utev, S. (1985). Inequalities and estimates of the convergence rate for the weakly dependent case. In *Adv. in Probab. Th., Novosibirsk.*

Viennet, G. (1997). Inequalities for absolutely regular sequences: application to density estimation. *Prob. Th. Rel. Fields* **107**, 467-492.

Volný, D. (1993). Approximating martingales and the central limit theorem for strictly stationary processes. *Stochastic processes appl.* **44**, 41-74.

Yokoyama, R. (1980). Moment bounds for stationary mixing sequences. *Z. Wahr. Verv. Gebiete* **52**, 45-57.

Yoshihara, K. (1979). Note on an almost sure invariance principle for some empirical processes. *Yokohama math. J.* **27**, 105-110.

Printing: Saladruck, Berlin
Binding: H. Stürtz AG, Würzburg

9 783540 659792